U0151338

模拟电子技术
实验指导教程

主　编　夏金威　孙陈诚

副主编　顾　涵　鲁　宏　王浩润

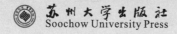

苏州大学出版社
Soochow University Press

图书在版编目(CIP)数据

模拟电子技术实验指导教程／夏金威，孙陈诚主编
. -- 苏州 ：苏州大学出版社，2023.9
ISBN 978-7-5672-4504-4

Ⅰ.①模… Ⅱ.①夏… ②孙… Ⅲ.①模拟电路－电子技术－实验－高等学校－教材 Ⅳ.①TN710-33

中国国家版本馆 CIP 数据核字(2023)第 158284 号

书　　名：模拟电子技术实验指导教程

主　　编：夏金威　孙陈诚

责任编辑：吴昌兴

装帧设计：刘　俊

出版发行：苏州大学出版社（Soochow University Press）

社　　址：苏州市十梓街1号　邮编：215006

印　　刷：镇江文苑制版印刷有限责任公司

邮购热线：0512-67480030

销售热线：0512-67481020

开　　本：718 mm×1 000 mm　1/16　印张：9.5　字数：160 千

版　　次：2023 年 9 月第 1 版

印　　次：2023 年 9 月第 1 次印刷

书　　号：ISBN 978-7-5672-4504-4

定　　价：35.00 元

图书若有印装错误，本社负责调换
苏州大学出版社营销部　电话：0512-67481020
苏州大学出版社网址　http://www.sudapress.com
苏州大学出版社邮箱　sdcbs@suda.edu.cn

PREFACE 前 言

《模拟电子技术实验指导教程》是建立在应用型本科学生已掌握基本电路分析、模拟电子技术等相关专业理论知识的基础上，综合运用理论知识开展相关验证性、设计型实验的指导教程。参考本教程，应用型本科学生及相关工程技术人员可进一步掌握模拟电子技术专业理论知识，学会电子专业相关仿真、设计软件的使用方法，培养独立分析和解决基础工程问题的能力。

本教程分为模拟电子技术实验概述、模拟电子技术基础实验、模拟电子技术应用设计实验、Multisim 软件使用基础四章内容，主要特色如下：

（1）理论与实践相结合

教程内容具有较强的实践性，在内容选取上充分考虑到应用型本科学生及工程技术"新手"的实际水平和参考需要。本教程着重介绍了实验案例的设计原理，对实践部分也给出了较宽的范围，增加了对综合实验案例的剖析，以利于不同层次的学生或技术人员开展相关实验。

（2）逻辑与内容递进

各实验内容编排既相互独立，又互相联系，有利于相关知识的递进学习。本教程具有较强的系统性，实践内容由浅入深，便于学习者循序渐进地掌握电子技术设计的全过程。

（3）应用能力培养与软硬结合

利用仿真软件，通过对相关电路的仿真实例分析，学习者能掌握仿真软件的使用方法，较快地明确实验目标，并且不受实验条件和环境制约。在利用软件对电路进行辅助设计后，根据实验条件可通过实验操作和硬件安装、调试，进一步积累实践经验，提高实验能力，明晰技术应用。

本教程第 1 章由夏金威、顾涵编写；第 2 章由夏金威、顾涵、孙陈诚及王浩润编写；第 3 章由鲁宏编写；第 4 章由夏金威、孙陈诚编写；夏金威、孙陈诚共同负责全书的统稿。

本教程在编写过程中参考了国内外专家学者的著作、文献等，同时还引用了南京润众科技有限公司教材编写组编写的模拟数字电路实验说明书中的相关实验案例，并得到了该公司技术人员的指导和帮助。在此，我们对教程中所引用参考资料的作者表示衷心感谢。

由于编者水平所限，加之时间仓促，以及相关知识更新很快，教程中内容难免有疏漏和不妥之处，敬请广大读者和专家批评指正。您的建议和意见是对我们最大的鼓励和支持。

编　者

2023 年 5 月

目录 Contents

第 **1** 章

模拟电子技术实验概述

1.1　模拟电子技术实验的性质与任务

模拟电子技术实验要求通过实验的方法和手段，分析器件、电路的工作原理，完成器件、电路性能指标的检测，验证和扩展器件、电路的功能及其使用范围，设计并组装各种实用电路和整机。

学生通过实验手段获得模拟电子技术方面的基本知识和基本技能，并运用所学理论来分析和解决实际问题，可以提高实际工作能力。熟练地掌握模拟电子实验技术，无论是对从事电子技术领域工作的工程技术人员，还是对正在进行基本理论课程学习的学生来说，都是极其重要的。

模拟电子技术实验可以分为以下三个层次。第一个层次是验证性实验，它主要是以电子元器件特性、参数和基本单元电路为主，根据实验目的、实验电路、仪器设备和较详细的实验步骤，来验证电子技术的有关理论，从而进一步巩固所学基本知识和基本理论。第二个层次是综合性和提高性实验，它主要是根据给定的实验电路，由学生自行选择测试仪器，拟定实验步骤，完成规定的电路性能指标测试任务。第三个层次是设计性实验，学生根据给定的实验题目、内容和要求，自行设计实验电路，选择合适的元器件并组装实验电路，拟定调整、测试方案，最后使电路达到设计要求。第三个层次的实验，可以提高学生综合运用所学知识解决实际问题的能力。

实验的基本任务是使学生在基本实验知识、基本实验理论和基本实验技能三个方面受到较为系统的教学与训练，逐步做到"爱实验、敢实验、会实验"，成为善于把理论与实践相结合的专门人才。

模拟电子技术实验内容极其丰富，涉及的知识面也很广，并且正在不断充实、更新。与模拟电子技术实验紧密相关的内容包括：示波器、信号源等常用电子仪器的使用方法；频率、相位、时间、脉冲波形参数和电压、电流的平均值、有效值、峰值及各种电子电路主要技术指标的测试技术；常用元器件的规格与型号，手册的查阅和参数的测量；小系统的设计、组装与调试技术；实验数据的分析、处理能力。

为确保实验教学质量，应该采取下列基本教学方法和措施：

① 强调以实验操作为主，实验理论教学为辅。围绕和配合各阶段实验的教学内容和要点，进行必要的和基本的实验理论教学。

② 采用"多媒体教学"等多种手段，以提高实验教学效果。

③ 按照基本要求，分阶段进行实验。

前阶段进行基本实验，每个基本实验着重解决两至三个基本问题。注意适当重复某些重要的实验内容，以加深印象，提高操作熟练度。

后阶段着重安排一些中型或大型实验，主要用于培养学生综合运用实验理论的能力，加强实践技能的训练，应特别注意在理论指导下提高分析问题和解决问题的能力。例如：对实验中出现的一些现象能做出正确的解释，并在此基础上解决一些实际问题。

④ 贯彻因材施教的原则，对不同水平的学生提出不同的要求。在完成规定的基本实验内容后，允许水平较高的学生选做某些实验内容。

⑤ 以严格的实验制度，确保实验教学质量。要求做到实验前有"预习"，实验后有"报告"，阶段有"总结"，期末有"考核"。考核内容包括实验理论、实验技能和基本实践知识三个方面，以口试、笔试和实际操作相结合的方式在期中或期末进行。

1.2　模拟电子技术实验的基本程序

模拟电子技术实验内容广泛，每个实验的目的、步骤有所不同，但基本过程是类似的。为了使每个实验达到预期效果，要求参加实验者做到以下几点。

1.2.1　实验前的准备

为了避免盲目性，使实验过程有条不紊地进行，每个实验前都要做好以下准备工作：

① 阅读实验教材，明确实验目的、任务，了解实验内容及测试方法。

② 复习有关理论知识并掌握所用仪器的使用方法，认真完成所要求的电

路设计、实验底板安装等任务。

③ 根据实验内容拟好实验步骤，选择测试方案。

④ 对实验中应记录的原始数据和待观察的波形，应先列表待用。

1.2.2 测试前的准备

认真上好实验课并严格遵守实验操作规则，是提高实验效果、保证实验质量的重要前提。在线路按要求连接完毕即将通电测试前，应做好以下准备工作：

① 首先检查 220 V 交流电源和实验所需的元器件、仪器仪表等是否齐全并符合要求，检查各种仪器面板上的旋钮，使之处于所需的待用位置。例如直流稳压电源应置于所需的挡级，并将其输出电压调整到所要求的数值。切勿在调整电压前随意与实验电路板接通。

② 对照实验电路图，对实验电路板中的元件和接线进行仔细的寻迹检查，检查各引线有无接错，特别是电源与电解电容的极性是否接反，各元件及接点有无漏焊、假焊，并注意防止碰线短路等问题。经过认真仔细的检查，确认安装无差错后，方可按前述的接线原则，将实验电路板与电源和测试仪器接通。

1.3 模拟电子技术实验的操作规程

和其他许多实践环节一样，模拟电子技术实验要对电子设备进行安装、调试和测量，也有其相应的基本操作规程。因此，同学们一开始就应注意养成正确、良好的操作习惯，并逐步积累经验，不断提高实验操作水平。

1.3.1 实验仪器的合理布局

实验时，各仪器仪表和实验对象（如实验板或实验装置等）之间，应按信号流向，并根据连线简捷、调节顺手、观察与读数方便的原则进行合理布局。

图 1.3.1 为实验仪器的一种布局形式。输入信号源放置在实验板的左侧，测试用的示波器与电压表置于实验板的右侧，实验用的直流稳压电源、函数发生器等放中间。

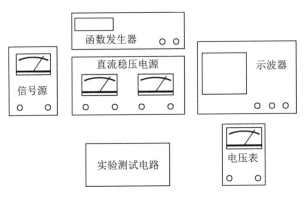

图 1.3.1　实验仪器的布局

1.3.2　电子技术实验台上的接插、安装与布线

目前，在实验室中常用的各类电子技术实验台，通常有一块或数块多孔插座板。利用这些多孔插座板可以直接接插、安装和连接实验电路而无须焊接。因而正确、整齐的布线显得极为重要，是顺利进行实验的基础。这不仅是为了检查、测量方便，更重要的是可以确保线路稳定可靠地工作。实践证明，杂乱无章的接线往往会使线路出现难以排除的故障，以致最后不得不重新接插和安装全部实验电路，浪费很多时间。为此，在多孔插座板上接插、安装时应注意做到以下几点：

① 首先要弄清楚多孔插座板和实验台的结构，然后根据实验台的结构特点来安排元器件位置和电路的布线。一般应以集成电路或晶体管为中心，并根据输入、输出分离的原则，以适当的间距来安排其他元件。最好先画出实物布置图和布线图，以免出现差错。

② 接插元器件和导线时要非常细心。接插前，必须先用钳子或镊子把待插元器件和导线的插脚整平直。接插时，应小心地用力插入，以保证插脚与插座间接触良好。实验结束时，应一一轻轻拔下元器件和导线，切不可用力太猛。注意接插用的元器件插脚和连接导线均不能太粗或太细，一般以线径为 0.5 mm 左右为宜，导线的剥线头长度约 10 mm。

③ 布线的顺序一般是先布电源线与地线，然后按布线图，从输入到输出依次连接好各元器件和接线。在可能的条件下应尽量做到接线短、接点少，同时又要考虑到测量的方便。

④ 在接通电源之前，要仔细检查所有的连接线。应特别注意检查各电源的连线和公共地线是否连接正确。查线时仍以集成电路或三极管的引脚为出发点，逐一检查与之相连接的元器件和连线，在确认正确无误后方可接通电源。

1.3.3 正确的接线规则

① 仪器和实验板间的接线要用颜色加以区别，以便于检查，如电源线（正极）常用红色，公共地线（负极）常用黑色。接线头要拧紧或夹牢，以防接触不良或因脱落而引起短路。

② 电路的公共接地端和各种仪表的接地端应连接在一起，既可作为电路的参考零点（零电位点），同时又可避免引起干扰，如图 1.3.2 所示。在某些特殊场合，还需将一些仪器的外壳与大地接通，这样可避免外壳带电，从而确保人身和设备安全，同时又能起到良好的屏蔽作用。如在焊接和测试 MOS 元件时，电烙铁和测试仪器均要接地，以防它们漏电而造成 MOS 元件被击穿。

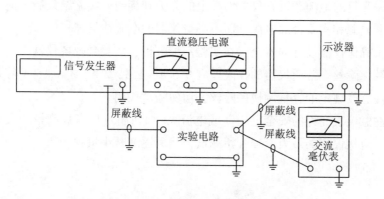

图 1.3.2　仪器与实验电路板的连接

③ 信号的传输应采用具有金属外套的屏蔽线，而不能用普通导线，并且屏蔽线外壳要选择一点接地，否则可能引起干扰，进而使测量结果和波形异常，如图 1.3.3 所示。

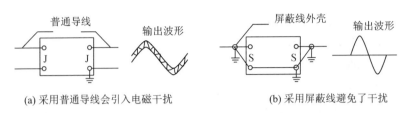

(a) 采用普通导线会引入电磁干扰   (b) 采用屏蔽线避免了干扰

图 1.3.3　外界电磁干扰与屏蔽

1.3.4　注意人身和仪器设备的安全

① 遵守安全操作规程，确保人身安全。为了确保人身安全，在调换仪器时须切断实验台的电源。另外，为防止器件损坏，通常要求在切断实验电路板上的电源后才能改接线路。

仪器设备的外壳如接地良好，可防止机壳带电，以保证人身安全。在调试时，要逐步养成用右手进行单手操作的习惯，并注意人体与大地之间有良好的绝缘。

② 爱护仪器设备，确保仪器和实验设备的使用安全。在使用仪器过程中，不必经常开关电源。因为多次开关电源往往会引起冲击，结果反而使仪器的使用寿命缩短。

切忌无目的地随意扳弄仪器面板上的开关和旋钮。实验结束后，通常只要关断仪器电源和实验台的电源，而不必将仪器的电源线拔掉。

为了确保仪器设备的安全，在实验室配电柜、实验台及各仪器中通常都安装有电源保险丝。常用仪器的保险丝有 0.5 A，1 A，2 A，3 A，5 A 等几种规格，应注意按规定的容量调换保险丝，切勿随意代用。

要注意仪表允许的安全电压（或电流），切勿超过！当被测量的大小无法估计时，应从仪表的最大量程开始测试，然后逐渐减小量程。

1.4　实验报告的编写与要求

实验报告既是对实验结果的总结和反映，也是实验课的延续和提升。撰写实验报告，不仅可以使知识条理化，还可以培养学生综合分析问题的能力。一个实验的价值在很大程度上取决于报告质量的高低，因此对撰写好实验报告必须予以高度重视。撰写一份高质量的实验报告应注意以下几个环节。

1. 以实事求是的科学态度认真做好各次实验

① 在实验过程中，对实验原始数据应按实际情况记录下来，不应擅自修改，更不能弄虚作假。

② 对测量结果和所记录的实验现象，要会正确分析与判断，不要对测量结果的正确与否一无所知，以致出现因数据错误而重做实验的情况。

如果发现数据有问题，要认真查找线路并分析原因。数据经初步整理后，再请指导教师审阅，然后才可拆线。

2. 实验报告的主要内容

① 实验目的。

② 实验电路、测试方法和测试设备。

③ 实验的原始数据、波形和现象，以及对它们的处理结果。

④ 结果分析及问题讨论。

⑤ 收获和体会。

⑥ 记录所使用仪器的规格及编号（以备以后复核）。

在撰写实验报告时，常常要对实验数据进行科学的处理，才能找出其中的规律，并得出有用的结论。常用的数据处理方法是列表和作图。实验所得的数据可分类记录在表格中，这样便于对数据进行分析和比较。实验结果也可以曲线直观地表示出来。在作图时，应合理选择坐标刻度和起点位置（坐标起点不一定要从零开始），并采用方格纸绘图。当标尺范围很宽时，应采用对数坐标纸。另外，在波形图上通常还应标明幅值、周期等参数。

第 **2** 章

模拟电子技术基础实验

2.1 　单级放大电路

2.1.1　预习要求

① 熟悉晶体管及单管放大器工作原理。

② 熟悉放大器动态及静态测量方法。

2.1.2　实验目的

① 熟悉电子元器件和模拟电路实验箱。

② 掌握放大器静态工作点的调试方法及其对放大器性能的影响。

③ 学习测量放大器静态工作点、电压放大倍数 A_V、输入电阻 R_i、输出电阻 R_o 的方法，了解共射极电路特性。

④ 学习放大器的动态性能。

2.1.3　实验器材

双踪示波器，函数发生器，数字万用表，频率计，交流毫伏表，直流毫伏表，分立元件放大电路模块。

2.1.4　实验原理

图 2.1.1 为电阻分压式单管放大器实验电路图。它的偏置电路采用 R_{B1} 和 R_{B2} 组成分压电路，并在发射极中接有电阻 R_{E1}，R_{E2}，以稳定放大器的静态工作点。当在放大器的输入端加入输入信号 u_i 后，在放大器的输出端便可得到一个与 u_i 相位相反、幅值被放大了的输出信号 u_o，从而实现电压放大。

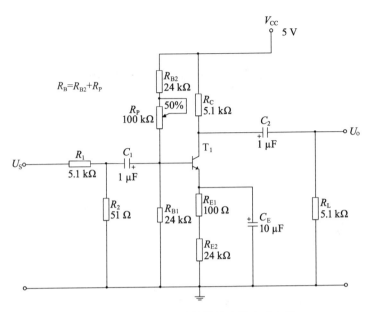

图 2.1.1 电阻分压式单管放大器实验电路

在本实验电路中，在交流信号输入端有一个由 R_1，R_2 组成的 1/100 的分压器。这是因为，信号源是有源仪器，当其输出电压较小时，其输出的信噪比随输出信号的减小而降低，所以输出信号电压幅值有下限。例如，目前使用的 Agilent33210AO 数字式信号源输出正弦电压的最小幅值为 50 mV，若直接将其作为输入，本实验用的放大器将严重限幅。电阻是无源元件，而且阻值较小，由分压器增加的噪声甚少，所以用电阻分压器可得到信噪比较高的小信号。

若要精确测量放大倍数，常用电阻做输入分压器，具体的做法和原因可叙述如下：若要求放大器的放大倍数为 A_V，用电阻做 $1/A_V$ 的分压器，信号源输出电压可为几百毫伏，调整放大器的参数，使输出电压等于输入电压，这样对输入、输出测量的仪器在测量过程中就不用换挡，放大倍数本来就是输出/输入的相对关系。虽然仪器测量示数往往有绝对误差，用同一挡测量两个值，使其相等，这就避免了仪器测量示数具有的绝对误差。这种测量误差仅包含对两个分压电阻测量的误差，通常可很小。若直接用小信号做输入，则测量输入、输出将使用不同的挡位。即使用了仪器中的不同电路，而仪器中不同电路的测量精度是有差别的，由此产生的误差通常比用电阻分压器产生的误差要大。

在图 2.1.1 所示的电路中，当流过偏置电阻 R_1 和 R_2 的电流远大于晶体管 T_1 的基极电流 I_B 时（一般 5~10 倍），它的静态工作点可用下式估算：

$$U_{\mathrm{B}} \approx \frac{R_{\mathrm{B1}}}{R_{\mathrm{B1}}+R_{\mathrm{B2}}} V_{\mathrm{CC}}$$

$$I_{\mathrm{E}} \approx \frac{U_{\mathrm{B}}-U_{\mathrm{BE}}}{R_{\mathrm{E}}} \approx I_{\mathrm{C}}$$

$$U_{\mathrm{CE}} = V_{\mathrm{CC}}-I_{\mathrm{C}}(I_{\mathrm{C}}+R_{\mathrm{E}})$$

电压放大倍数为

$$A_{\mathrm{V}} = -\beta \frac{R_{\mathrm{C}} /\!/ R_{\mathrm{L}}}{r_{\mathrm{be}}}$$

输入电阻为

$$R_{\mathrm{i}} = R_{\mathrm{B1}} /\!/ R_{\mathrm{B2}} /\!/ r_{\mathrm{be}}$$

输出电阻为

$$R_{\mathrm{o}} \approx R_{\mathrm{C}}$$

由于电子器件性能的分散性比较大，因此在设计和制作晶体管放大电路时，离不开测量和调试技术。在设计前应测量所用元器件的参数，为电路设计提供必要的依据；在完成设计和装配后，还必须测量和调试放大器的静态工作点和各项性能指标。一个优质放大器必定是理论设计与实验调整相结合的产物。因此，除了学习放大器的理论知识和设计方法外，还必须掌握必要的测量和调试技术。

放大器的测量和调试一般包括：放大器静态工作点的测量与调试及放大器各项动态参数的测量与调试等。

1. 放大器静态工作点的测量与调试

（1）静态工作点的测量

测量放大器的静态工作点，应在输入信号 $u_{\mathrm{i}}=0$ 的情况下进行，即输入端不接信号，然后选用量程合适的直流毫安表和直流电压表，分别测量晶体管的集电极电流 I_{C} 及各电极对地的电位 U_{B}，U_{C}，U_{E}。一般实验中，为了避免断开集电极，通常采用测量电压 U_{E} 或 U_{C}，然后算出 I_{C} 的方法。例如，只要测出 U_{E}，即可用 $I_{\mathrm{C}} \approx I_{\mathrm{E}} = \dfrac{U_{\mathrm{E}}}{R_{\mathrm{E}}}$ 算出 I_{C}（也可根据 $I_{\mathrm{C}} = \dfrac{V_{\mathrm{CC}}-U_{\mathrm{C}}}{R_{\mathrm{C}}}$，由 U_{C} 确定 I_{C}），同时也能算出 $U_{\mathrm{BE}}=U_{\mathrm{B}}-U_{\mathrm{E}}$，$U_{\mathrm{CE}}=U_{\mathrm{C}}-U_{\mathrm{E}}$。为了减小误差，提高测量精度，应选用内阻较高的直流电压表。

（2）静态工作点的调试

放大器静态工作点的调试是指对管子集电极电流 I_{C}（或 U_{CE}）的调整与测

试。静态工作点是否合适，对放大器的性能和输出波形都有很大影响。如静态工作点偏高，放大器在加入交流信号后易产生饱和失真，此时 u_o 的负半周将被削底，如图 2.1.2(a) 所示；如静态工作点偏低，则易产生截止失真，即 u_o 的正半周被缩顶（一般截止失真不如饱和失真明显），如图 2.1.2(b) 所示。这些情况都不符合不失真放大的要求。所以在选定静态工作点后还必须进行动态调试，即在放大器的输入端加入一定的输入电压 u_i，检查输出电压 u_o 的大小和波形是否满足要求。若不满足，则应调节静态工作点的位置。

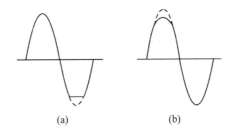

(a)   (b)

图 2.1.2　静态工作点对 u_o 波形失真的影响

改变电路参数 V_{CC}，R_C，R_B（R_{B1}，R_{B2}）都会引起静态工作点的变化，如图 2.1.3 所示。但通常多采用调节偏置电阻 R_{B2} 的方法来改变静态工作点，如减小 R_{B2}，则可使静态工作点提高等。

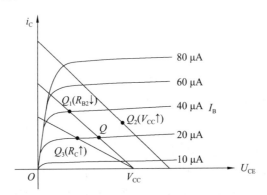

图 2.1.3　电路参数对静态工作点的影响

最后还要说明的是，上面所说的静态工作点"偏高"或"偏低"不是绝对的，而是相对信号的幅度而言的，如输入信号幅度很小，即使静态工作点较高或较低也不一定会出现失真。所以确切地说，产生波形失真是信号幅度与静态工作点配合不当所致。若需满足较大信号幅度的要求，则静态工作点应尽量靠近交流负载线的中点。

2. 放大器动态指标测试

放大器动态指标包括电压放大倍数、输入电阻、输出电阻、最大不失真输出电压（动态范围）和幅频特性等。

（1）电压放大倍数 A_V 的测量

调整放大器到合适的静态工作点，然后加入输入电压 u_i，在输出电压 u_o 不失真的情况下，用交流毫伏表测出 u_i 和 u_o 的有效值 U_i 和 U_o，则

$$A_V = \frac{U_o}{U_i}$$

（2）输入电阻 R_i 的测量

为了测量放大器的输入电阻，按图 2.1.4 所示电路在被测放大器的输入端与信号源之间串入一已知电阻 R，在放大器正常工作的情况下，用交流毫伏表测出 U_S 和 U_i，则根据输入电阻的定义可得

$$R_i = \frac{U_i}{I_i} = \frac{U_i}{\dfrac{U_R}{R}} = \frac{U_i}{U_S - U_i} R$$

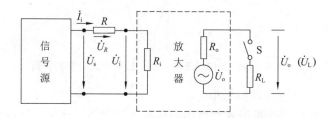

图 2.1.4　输入、输出电阻测量电路

测量时应注意以下几点：

① 由于电阻 R 两端没有电路公共接地点，所以测量 R 两端电压 U_R 时必须分别测出 U_S 和 U_i，然后按 $U_R = U_S - U_i$ 求出 U_R 值。

② 电阻 R 的值不宜取得过大或过小，以免产生较大的测量误差，通常取 R 与 R_i 为同一数量级为宜，本实验可取 $R = 5.1\ \mathrm{k\Omega}$。

（3）输出电阻 R_o 的测量

按图 2.1.4 所示电路，在放大器正常工作条件下，测出输出端不接负载 R_L 的输出电压 U_o 和接入负载 R_L 后的输出电压 U_L，根据

$$U_L = \frac{R_L}{R_o + R_L} U_o$$

即可求出

$$R_o = \left(\frac{U_o}{U_L} - 1\right) R_L$$

在测试中应注意，必须保持 R_L 接入前后输入信号的大小不变。

（4）最大不失真输出电压 U_{oPP} 的测量（最大动态范围）

如上所述，为了得到最大动态范围，应将静态工作点调在交流负载线的中点。为此在放大器正常工作情况下，逐步增大输入信号的幅度，并同时调节 R_W（改变静态工作点），用示波器观察 u_o，当输出波形同时出现削底和缩顶现象（图 2.1.5）时，说明静态工作点已调在交流负载线的中点。然后反复调整输入信号，当波形输出幅度最大，且无明显失真时，用交流毫伏表测出 U_o（有效值），则动态范围等于 $2\sqrt{2} U_o$，或用示波器直接读出 U_{oPP}。

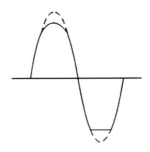

图 2.1.5　静态工作点正常，输入信号太大引起的失真

（5）放大器幅频特性的测量

放大器的幅频特性是指放大器的电压放大倍数 A_V 与输入信号频率 f 之间的关系曲线。单管阻容耦合放大电路的幅频特性曲线如图 2.1.6 所示，A_{um} 为中频电压放大倍数，通常规定电压放大倍数随频率变化下降到中频放大倍数的 $1/\sqrt{2}$ 倍，即 $0.707 A_{um}$，所对应的频率分别称为下限频率 f_L 和上限频率 f_H，则通频带 $f_{BW} = f_H - f_L$。

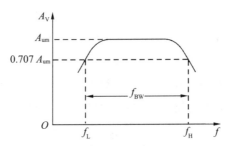

图 2.1.6　幅频特性曲线

放大器的幅频特性就是测量不同频率信号时的电压放大倍数 A_V。为此，可采用前述测 A_V 的方法，每改变一个信号频率，测量其相应的电压放大倍数。测量时应注意取点要恰当，在低频段与高频段应多测几个点，在中频段可以少测几个点。此外，在改变频率时，要保持输入信号的幅度不变，且输出波形不得失真。

2.1.5 实验内容及步骤

1. 实验电路

实验电路如图 2.1.1 所示。

① 用万用表判断实验箱上晶体管 T_1 的极性和好坏、电解电容 C 的极性和好坏。

② 按图 2.1.1 所示连接电路。

③ 接线完毕仔细检查，确定无误后接通电源。改变 R_P，记录 I_C 分别为 1 mA，1.5 mA 时晶体管 T_1 的 β 值。

注意 $\beta = \dfrac{I_C}{I_B}$，$I_B + \dfrac{V_B}{R_{B1}} = \dfrac{V_{CC} - V_B}{R_{B2} + R_P}$。

2. 静态调整

调整 R_P，使 $V_E = 2.2$ V，测量并将计算结果填入表 2.1.1。

表 2.1.1 测量记录

测量值					计算值	
V_C/V	V_B/V	R_C/kΩ	R_{B1}/kΩ	$(R_{B2}+R_P)$/kΩ	I_B/μA	I_C/mA

根据公式 $I_C = \dfrac{V_{CC} - V_C}{R_C}$，$I_B + \dfrac{V_B}{R_{B1}} = \dfrac{V_{CC} - V_B}{R_{B2} + R_P}$，计算出 I_C 和 I_B。

注意 测量 R_{B1}，$R_{B2} + R_P$ 时，要断开电源，且电阻要与电路断开后测量。

3. 动态研究

① 将外加低频信号源设置为正弦波 $f = 1$ kHz，峰－峰值为 2 000 mV，接到放大器输入端 U_S，用示波器观察 U_i 和 U_o 端波形，并比较相位（因 U_i 幅度太小，不易测出，可直接测 U_S 端）。

② 不接负载电阻 R_L，信号源频率不变，逐渐加大信号幅度，调整电位器

R_P，观察 U_o 不失真时的最大值，并填入表 2.1.2。（由于 U_i 幅值太小，示波器显示不清楚。因为 U_i 是由 U_S 衰减到 $\dfrac{1}{100}$ 得到的，这样 U_i 可直接由 U_S 来折算，后面的实验都可采用这种方法。）

表 2.1.2　$R_L = \infty$ 测量记录

测量值		计算值
U_i/mV	U_o/V	A_V

③ 保持 $U_S = 2\,000$ mV 不变，放大器接入负载 R_L。在改变 R_C（R_C 用 5.1 kΩ 或 470 Ω）数值的情况下测量，注意调节 R_P 使输出最大且不失真，并将计算结果填入表 2.1.3。

表 2.1.3　测量记录

给定参数		测量值		计算值
R_C	R_L	U_i/mV	U_o/V	A_V
470 Ω	5.1 kΩ			
470 Ω	2.2 kΩ			
5.1 kΩ	5.1 kΩ			
5.1 kΩ	2.2 kΩ			

④ 保持 $U_S = 2\,000$ mV 不变，$R_C = 5.1$ kΩ，$R_L = 5.1$ kΩ，增大和减小 R_P，用示波器观察 U_o 波形变化，测量晶体管各级直流电压并填入表 2.1.4。

表 2.1.4　测量记录

R_P 值	U_B	U_C	U_E	U_o 输出波形情况
最大				
合适				

续表

R_P 值	U_B	U_C	U_E	U_o 输出波形情况
最小				

注意　若失真观察不明显，可增大或减小 U_i 幅值重测。

4. 测放大器输入、输出电阻

参照图 2.1.4 测量输入、输出电阻。

（1）输入电阻测量

在输入端串接一个电阻 $R = 5.1$ kΩ，测量 U_S 与 U_i，即可计算 R_i。

（2）输出电阻测量

在输出端接入可调电阻作为负载，选择合适的 R_L 值使放大器输出不失真（接示波器监视），测量有负载和空载时的 U_o，即可计算 R_o。

将上述测量及计算结果填入表 2.1.5。

表 2.1.5　测量记录

测输入电阻 $R = 5.1$ kΩ			测输出电阻		
测量值		计算值	测量值		计算值
U_S	U_i	R_i	U_o $R_L = \infty$	U_L $R_L =$	R_o

2.1.6　实验报告

① 列表整理测量结果，并把静态工作点、电压放大倍数、输入电阻、输出电阻的实测值与理论计算值比较（取一组数据进行比较），分析产生误差的原因。

② 总结 R_C，R_L 及静态工作点对放大器电压放大倍数、输入电阻、输出电阻的影响。

③ 讨论静态工作点变化对放大器输出波形的影响。

④ 分析讨论在调试过程中出现的问题。

2.2　两级放大电路

2.2.1　预习要求

① 复习多级放大电路及频率响应特性的测量方法。

② 分析图 2.2.1 两级交流放大电路，初步估计测试内容的变化范围。

2.2.2　实验目的

① 掌握如何合理设置静态工作点。

② 学会放大器频率特性测试方法。

③ 了解放大器的失真及消除方法。

2.2.3　实验器材

双踪示波器，数字万用表，信号发生器，毫伏表，分立元件放大电路模块。

2.2.4　实验原理

对于两极放大电路，习惯上规定第一级是从信号源到第二个晶体管 T_2 的基极，第二级是从第二个晶体管的基极到负载，这样两极放大器的电压总增益 A_V 为

$$A_V = \frac{V_{o2}}{V_{i1}} = \frac{V_{o2}}{V_{i2}} \cdot \frac{V_{o1}}{V_{i1}} = A_{V1} \cdot A_{V2}$$

式中，电压均为有效值，且 $V_{o1} = V_{i2}$。由此可见，两级放大器电压总增益是单级电压增益的乘积。此结论可推广到多级放大器。

当忽略信号源内阻 R_S 和偏流电阻 R_B 的影响时，放大器的中频电压增益为

$$A_{V1} = \frac{V_{o1}}{V_{i1}} = -\frac{\beta_1 R'_{L1}}{r_{be1}} = -\beta_1 \frac{R_{C1} /\!/ r_{be2}}{r_{be1}}$$

$$A_{V2}=\frac{V_{o2}}{V_{i2}}=\frac{V_{o2}}{V_{o1}}=-\frac{\beta_2 R'_{L2}}{r_{be2}}=-\beta_2 \frac{R_{C2} /\!/ R_L}{r_{be2}}$$

$$A_V=A_{V1}\cdot A_{V2}=\beta_1 \frac{R_{C1}/\!/r_{be2}}{r_{be1}}\cdot\beta_2 \frac{R_{C2}/\!/R_L}{r_{be2}}$$

必须要注意的是，A_{V1}，A_{V2} 都是考虑了下一级输入电阻（或负载）的影响，所以第一级的输出电压即为第二级的输入电压，而不是第一级的开路输出电压。当第一级增益已计入下一级输入电阻的影响后，在计算第二级增益时，就不必再考虑前一级的输出阻抗，否则计算就重复了。

在两极放大器中，β 和 I_E 的提高必须全面考虑，它是前后级相互影响的关系。

对于两级电路参数相同的放大器，其单级通频带相同，而总的通频带将变窄。

2.2.5　实验内容及步骤

1. 实验电路

实验电路如图 2.2.1 所示。

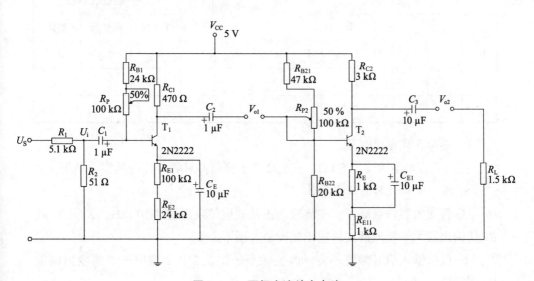

图 2.2.1　两级交流放大电路

2. 设置静态工作点

按图 2.2.1 接线。将直流信号源模块上 +12 V 接入 T_1 和 T_2 电源端。

静态工作点设置：要求第二级在输出波形不失真的前提下幅值尽量大，第一级为增加信噪比，静态工作点尽可能低。

在输入端 V_i 加上频率为 1 kHz、幅度为 10 mV 的交流信号（一般采用实验箱上加衰减的办法，即信号源用一个较大的信号，如 1 000 mV，加在 U_S 端经 100∶1 衰减电阻降为 10 mV），用示波器观察 V_{o2} 波形，调整两级工作点（调 R_P 和 R_{P2}）使输出信号幅度 V_{o2} 最大且不失真（输入交流信号用外加低频信号源，频率设置为 1 kHz，幅度峰-峰值 1 000 mV）。

注意　如发现有寄生振荡，可采用以下措施消除：

① 重新布线，尽可能走线短。

② 可在晶体管 eb 间加几皮法到几百皮法的电容。

3. 不接负载电阻测量

不接 R_L（1.5 kΩ），在上述工作点调整的基础上，按表 2.2.1 要求测量并计算，注意测静态工作点时应断开输入信号，测输出电压时，U_S 幅值为 1 000 mV，f=1 kHz。

表 2.2.1　测试记录

静态工作点						输入/输出电压/mV			电压放大倍数		
第 1 级			第 2 级						第 1 级	第 2 级	整体
V_{C1}	V_{B1}	V_{E1}	V_{C2}	V_{B2}	V_{E2}	V_i	V_{o1}	V_{o2}	A_{V1}	A_{V2}	A_V

4. 接入负载电阻测量

接入负载电阻 R_L=1.5 kΩ，按表 2.2.1 测量并计算，比较其实验结果。

5. 测两级放大器的频率特性

① 将放大器负载断开，先将输入正弦波信号频率调到 10 kHz，调整 R_P 和 R_{P2} 使输出最大，幅度调到使输出幅度最大而不失真。

② 保持输入信号幅度不变，改变频率。按表 2.2.2 测出放大器输出幅度 V_{o2} 并记录。

表 2.2.2　测量记录

f/Hz		100	300	500	1 000	2 500	5 000	10 000	20 000	40 000
V_{o2}	$R_L = \infty$									
	$R_L = 1.5\ k\Omega$									

③ 接上负载，重复上述实验。

④ 按照表格画出频率特性曲线。

2.2.6　实验报告

① 整理实验数据，分析实验结果。

② 画出实验电路的频率特性曲线，说明频率增大时，输出幅度为什么增大。

③ 写出增加频率范围的方法。

2.3　负反馈放大电路

2.3.1　预习要求

① 认真阅读实验内容和要求，估计待测量内容的变化趋势。

② 负反馈放大电路中晶体管的 β 值为 120，计算该放大器开环和闭环电压放大倍数。

2.3.2　实验目的

① 研究负反馈对放大器性能的影响。

② 掌握反馈放大器性能的测试方法。

2.3.3　实验器材

双踪示波器，音频信号发生器，数字万用表，分立元件放大电路模块。

2.3.4 实验原理

放大器中采用负反馈，在降低放大倍数的同时，可使放大器的某些性能大大改善。负反馈的类型很多，本实验以一个输出电压、输入串联负反馈的两级放大电路为例。C_F，R_F 从第二级 T_2 的集电极接到第一级 T_1 的发射极构成负反馈。

下面列出负反馈放大器的有关公式，供验证分析时参考。

1. 放大倍数和放大倍数稳定度

负反馈放大器可以用图 2.3.1 来表示。

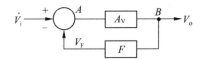

图 2.3.1 负反馈放大器

负反馈放大器的放大倍数为

$$A_{VF} = \frac{A_V}{1 + A_V F}$$

式中，A_V 称为开环放大倍数，反馈系数为

$$F = \frac{R_{E1}}{R_{E1} + R_F}$$

反馈放大器反馈放大倍数稳定度与无反馈放大器反馈放大倍数稳定度有如下关系：

$$\frac{\Delta A_{VF}}{A_{VF}} = \frac{\Delta A_V}{A_V} \cdot \frac{1}{1 + A_V F}$$

式中，$\dfrac{\Delta A_{VF}}{A_{VF}}$ 称为负反馈放大器的放大倍数稳定度；$\dfrac{\Delta A_V}{A_V}$ 称为无反馈放大器的放大倍数稳定度。

由上式可知，负反馈放大器比无反馈放大器的稳定度提高了（$1 + A_V F$）倍。

2. 频率响应特性

引入负反馈后，放大器的频响曲线的上限频率 f_{Hf} 比无反馈时扩展（$1 + A_V F$）倍，即

$$f_{Hf} = (1+A_V F) f_h$$

而下限频率比无反馈时减小到原来的$\dfrac{1}{1+A_V F}$，即$f_{LF}=\dfrac{f_L}{1+A_V F}$。

由此可见，负反馈放大器的频带变宽。

3. 非线性失真系数

按定义：

$$D = \frac{V_d}{V_1}$$

式中，V_d 为信号内容包含的谐波成分总和（$V_d=\sqrt{V_2^2+V_3^2+V_4^2+\cdots}$，其中 V_2，V_3……分别为二次、三次……谐波成分的有效值）；V_1 为基波成分有效值。

在负反馈放大器中，由非线性失真产生的谐波成分比无反馈时减小到原来的$\dfrac{1}{1+A_V F}$，即 $V_{df}=\dfrac{V_d}{1+A_V F}$。

同时，由于保持输出的基波电压不变，因此非线性失真系数也减小到原来的$\dfrac{1}{1+A_V F}$，即 $D_f=\dfrac{D}{1+A_V F}$。

2.3.5　实验内容及步骤

1. 负反馈放大器开环和闭环放大倍数的测试

实验电路如图 2.3.2 所示。

（1）开环电路

① 按图 2.3.2 接线，R_F，C_F 先不接入，将直流信号源模块上+12 V 接入 T_1 和 T_2 放大器电源端。

② 输入端接入 $V_i = 20$ mV，$f=1$ kHz 的正弦波（注意输入 20 mV 信号采用输入端衰减法即 U_S 端接 2 000 mV，经$\dfrac{1}{100}$衰减后 $V_i = 20$ mV）。调整 R_{P1} 和 R_{P2} 电位器使输出不失真且无自激振荡。

③ 按表 2.3.1 要求进行测量并填表（用示波器测量 V_o 值）。

④ 根据实测值计算开环放大倍数 A_V（$A_V=\dfrac{V_o}{V_i}$）。

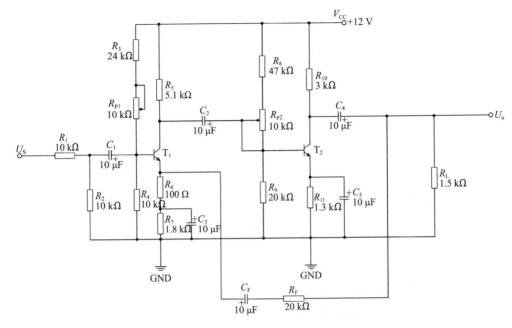

图 2.3.2　负反馈放大电路

（2）闭环电路

① 接通 R_F，C_F，U_S 端接入 2 000 mV 的 1 kHz 正弦波。

② 按表 2.3.1 要求测量并填表，计算 A_{VF}（$A_{VF} = \dfrac{V_o}{V_i}$）。

表 2.3.1　测量记录

电路	R_L/kΩ	V_i/mV	V_o/mV	A_V/A_{VF}
开环	∞	20		
	1.5 kΩ	20		
闭环	∞	20		
	1.5 kΩ	20		

2. 负反馈对失真的改善作用

① 将图 2.3.2 所示电路开环，即不接 R_F，C_F，且 U_S 端送入 $f = 1$ kHz 的正弦波，逐步加大 U_S 幅度，使输出信号 V_o 出现失真（注意不要过分失真），记录输出波形失真时输入信号的幅度。

② 将电路闭环，观察输出情况，并适当增加 U_S 幅度，使输出幅度 V_o 接近开环时失真波形幅度，记录输入信号幅度，并与开环输入信号幅度作比较。

③ 将电路闭环，改变信号源幅度，使放大器输出 V_o 不失真。然后将 R_F 接入 T_1 的基极，会出现什么情况？实验验证之。

④ 画出上述各步实验的波形图。

3. 测放大器频率特性

① 将图 2.3.2 所示电路先开环，选择 V_i 适当幅度（频率为 1 kHz）使输出信号 V_o 在示波器上幅度最大且不失真。

② 保持输入信号幅度不变，逐步增加频率，直到波形幅度减小为原来的 70%，此时信号频率即为放大器的 f_H。

注意 实验箱上信号源频率范围不够时，需另配信号源。

③ 条件同上，但逐渐减小频率，测得 f_L。

④ 将电路闭环，重复①~③步骤，并将结果填入表 2.3.2。

注意 电路闭环后，V_o 会减小，此时可增加输入信号 U_S 的幅度使 V_o 与开环时的 V_o 相等。

表 2.3.2 测量记录

电路	f_H/Hz	f_L/Hz
开环		
闭环		

2.3.6 实验报告

① 将实验值与理论值比较，并分析误差原因。
② 根据实验内容总结负反馈对放大电路的影响。

2.4 射极跟随器

2.4.1 预习要求

① 熟悉射极跟随器的原理及特点。
② 根据图 2.4.1 中元器件参数，估算静态工作点，画交、直流负载线。

2.4.2 实验目的

① 掌握射极跟随器的特性及测量方法。

② 进一步学习放大器各项参数的测量方法。

2.4.3 实验器材

示波器，信号发生器，数字万用表，分立元件放大电路模块。

2.4.4 实验原理

如图 2.4.1 所示为射极跟随器实验电路。它具有输入电阻高、输出电阻低，电压放大倍数接近于 1，输出电压与输入电压同相，输出电压能够在较大的范围内跟随输入电压作线性变化而具有优良的跟随特性等特点，故又称跟随器。

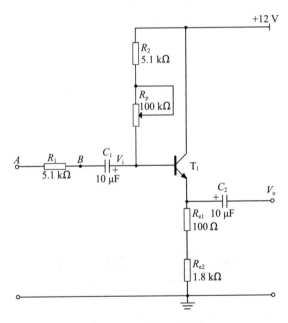

图 2.4.1 射极跟随器

以下列出射极跟随器特性的关系式，供验证分析时参考。

1. 输入电阻 R_i

设图 2.4.1 所示电路的负载为 R_L，则输入电阻为

$$R_i = \left[r_{be} + (1+\beta) R_L' \right] /\!/ R_B$$

式中，$R_L' = R_L /\!/ R$。

因为 R_B 很大，所以 $R_i = r_{be} + (1+\beta) R_L' \doteq \beta R_L'$。

若射极跟随器不接负载 R_L，且 R_B 很大，则 $R_i = \beta R_e$。

而实际测量时，在输入端串接一个已知电阻 R_1，在 A 端的输入信号是 V_A，在 B 端的输入信号是 V_B，显然射极跟随器的输入电流为 $I_i' = \dfrac{V_A - V_B}{R_1}$。

I_i' 是流过 R 的电流，于是射极跟随器的输入电阻为

$$R_i = \frac{V_B}{I_i'} = \frac{V_B}{\dfrac{V_A - V_B}{R_1}} = \frac{V_B R_1}{V_A - V_B}$$

所以只要测得图 2.4.1 中 A，B 两点信号电压的大小就可按上式计算出输入电阻 R_i。

2. 输出电阻 R_o

在放大器的输出端（图 2.4.2）的 D，F 两点，接上负载 R_L，则放大器的输出信号电压 V_L 将比不带负载时的 V_o 有所下降，因此从放大器的输出端 D，F 两点看去整个放大器相当于一个等效电源，该等效电源的电动势为 V_S，内阻即为放大器的输出电阻 R_o。按图 2.4.2 所示等效电路先使放大器开路，测出其输出电压为 V_o，显然 $V_o = V_S$，再使放大器带上负载 R_L。由于 R_o 的影响，输出电压将降为

$$V_L = \frac{R_L V_S}{R_o + R_L}$$

因为 $V_o = V_S$，则

$$R_o = \left(\frac{V_o}{V_L} - 1 \right) R_L$$

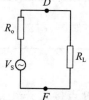

图 2.4.2　求输出电阻的等效电路

所以在已知负载 R_L 的条件下，只要测出 V_o 和 V_L，就可按上式算出射极跟随器的输出电阻 R_o。

3. 电压跟随范围

电压跟随范围是指射极跟随器输出电压随输入电压作线性变化的区域，但在输入电压超过一定范围时，输出电压便不能跟随输入电压作线性变化，失真急剧增加。

我们知道，射极跟随器的

$$A_V = \frac{V_o}{V_i} \doteq 1$$

由此说明，当输入信号 V_i 升高时，输出信号 V_o 也升高；反之，若输入信号降低，则输出信号也降低。因此，射极跟随器的输出信号与输入信号是同相变化的，这就是射极跟随器的跟随作用。

所谓跟随范围，就是输出电压能够跟随输入电压摆动到的最大幅度还不至于失真。换句话说，跟随范围就是射极的输出动态范围。

2.4.5 实验内容及步骤

1. 实验电路

实验电路如图 2.4.1 所示。

2. 直流工作点的调整

将电源 +12 V 接上，与直流信号源模块上 +12 V 相连，在 B 点加入 $f=$ 1 kHz 的正弦波信号，输出端用示波器监视；反复调整 R_P 及信号源输出幅度，使输出幅度在示波器屏幕上得到一个最大不失真波形；然后断开输入信号，用万用表测量晶体管各极对地的电位，即为该放大器静态工作点，将所测数据填入表 2.4.1。

表 2.4.1 测量记录

V_E/V	V_B/V	V_C/V	$I_E = V_E/R_E$

3. 测量电压放大倍数 A_V

接入负载 $R_L = 2.2$ kΩ，在 B 点接入 $f = 1$ kHz 的正弦波信号，调整输入信号幅度（此时偏置电位器 R_P 不能再旋动），用示波器观察，在输出最大不失

真情况下测 V_i，V_o 值，将所测数据填入表 2.4.2。

表 2.4.2　测量记录

V_i/V	V_o/V	$A_V = V_o/V_i$

4. 测量输出电阻 R_o

在 B 点加入 $f=1$ kHz 的正弦波信号，幅度峰–峰值为 2 000 mV 左右，接上负载 $R_L=2.2$ kΩ 时，用示波器观察输出波形，测空载输出电压 V_o（$R_L=\infty$），有负载输出电压 V_L（$R_L=2.2$ kΩ）的值。因此，

$$R_o = \left(\frac{V_o}{V_L} - 1\right) R_L$$

将所测数据填入表 2.4.3。

表 2.4.3　测量记录

V_o/mV	V_L/mV	$R_o = (V_o/V_L - 1) R_L$

5. 测量放大器输入电阻 R_i（采用换算法）

在输入端串入 5.1 kΩ 电阻，在 A 点加入 $f=1$ kHz 的正弦波信号，幅度峰–峰值为 2 000 mV，用示波器观察输出波形，用毫伏表分别测 A，B 点对地电位 V_A，V_B。因此，

$$R_i = \frac{V_B}{V_A - V_B} \cdot R_1$$

将测量数据填入表 2.4.4。

表 2.4.4　测量记录

V_A/V	V_B/V	R_i

6. 测量射极跟随器的跟随特性

接入负载 $R_L=2.2$ kΩ，在 B 点加入 $f=1$ kHz 的正弦波信号，逐点增大输入信号幅度 V_i（自行选择 4 个幅值），用示波器监视输出端，在波形不失真时，测量所对应的 V_L 值。计算出 A_V，将所测数据填入表 2.4.5。

表 2.4.5　测量记录

测量项	1	2	3	4
V_i				
V_L				
A_V				

2.4.6　实验报告

① 绘出实验原理电路图，标明实验的元件参数值。

② 整理实验数据并说明实验中出现的各种现象，得出有关结论；画出必要的波形及曲线。

③ 将实验结果与理论值比较，分析产生误差的原因。

2.5　差动放大电路

2.5.1　预习要求

① 熟悉差动放大电路原理及特点。

② 根据图 2.5.1 中元器件参数，估算静态工作点，估算双端输入差模电压放大倍数。

2.5.2　实验目的

① 熟悉差动放大器工作原理。

② 掌握差动放大器的基本测试方法。

2.5.3　实验器材

双踪示波器，数字万用表，信号源，差动放大模块。

2.5.4　实验原理

差动放大电路是由两个对称的单管放大电路组成的，如图 2.5.1 所示，它具有较大的抑制零点漂移的能力。

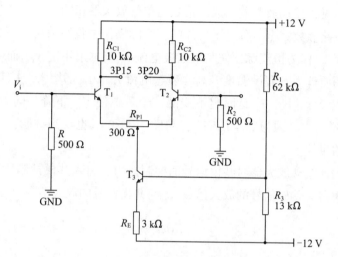

图 2.5.1　差动放大原理图

在静态时，由于电路对称，两管的集电极电流相等，管压降也相等，所以总的输出变化电压 $\Delta V_o = 0$。当有信号输入时，因每个均压电阻 R 相等，所以在两个晶体管 T_1 和 T_2 的基极是加入两个大小相等、方向相反的差模信号电压，即

$$\Delta V_{i1} = -\Delta V_{i2}$$

放大器总输出电压的变化为

$$\Delta V_o = \Delta V_{o1} - \Delta V_{o2}$$

因为

$$\Delta V_{o1} = A_{V1} \Delta V_{i1}$$
$$\Delta V_{o2} = A_{V2} \Delta V_{i2}$$

式中，A_{V1}，A_{V2} 分别为 T_1，T_2 组成的单管放大器的放大倍数。又在电路完全对称的情况下 $A_{V1} = A_{V2}$，所以

$$\Delta V_o = \Delta V_{o1} - \Delta V_{o2} = A_{V1} \Delta V_{i1} - A_{V2} \Delta V_{i2}$$
$$= A_{V1}(\Delta V_{i1} - \Delta V_{i2}) = 2A_{V1} \Delta V_{i1}$$

由于整个放大器的输入信号为

$$\Delta V_i = \Delta V_{i1} - \Delta V_{i2} = 2\Delta V_{i1}$$

因此，整个放大器的电压增益为

$$A_V = \frac{\Delta V_o}{\Delta V_i} = \frac{2A_{V1}\Delta V_{i1}}{2\Delta V_{i1}} = A_{V1}$$

由此可见，差动放大器的放大倍数与单管放大器相同。

要求电路参数完全对称是不可能的，实际操作中我们采用了图2.5.1所示的电路，用 T_3 作为恒流源，使其集电极电流 I_{C3} 基本上不随 V_{CE3} 而变。其抑制零漂的作用原理为：假设温度升高，静态电流 I_{C1}，I_{C2} 都增大。I_{C3} 增大，引起 R_E 上压降增大，但是 V_{B3} 是固定不变的，于是迫使 V_{BE3} 下降。随着 V_{BE3} 下降，并抑制 I_{C3} 增大。又因为 $I_{C3} = I_{C1} + I_{C2}$，同样，I_{C1} 和 I_{C2} 也受到抑制，这就达到了抑制零漂的目的。

为了表征差动放大器对共模信号的抑制能力，引入共模抑制比 CMRR，其定义为放大器对差模信号的放大倍数 A_D 与共模信号的放大倍数 A_C 之比值。

$$CMRR = \frac{A_D}{A_C}$$

2.5.5 实验内容及步骤

1. 实验电路

实验电路如图2.5.1所示。

2. 测量静态工作点

（1）调零

将输入端短路并接地，即3P15与3P20相连，3P15与GND相连；接通直流电源，即与直流信号源模块上+12 V和−12 V相连；调节电位器 R_{P1} 使双端输出电压 $V_o = 0$。

（2）测量静态工作点

测量 T_1，T_2，T_3 各极对地电压并填入表2.5.1。

表2.5.1 测试记录

对地电压	V_{C1}	V_{B1}	V_{E1}	V_{C2}	V_{B2}	V_{E2}	V_{C3}	V_{B3}	V_{E3}
测量值/V									

3. 测量双端输入差模电压放大倍数

将输入端的短路接地去掉，在直流信号源模块上调整OUT1和OUT2可调信号源，调 ADJ1 使 OUT1 为直流电压 0.1 V，调 ADJ2 使 OUT2 为-0.1 V 直流电压，然后分别接至 V_{i1}，V_{i2}（V_{i1}接 0.1 V，V_{i2}接-0.1 V），用直流电压表测量 U_{C1}，U_{C2}，U_o，计算 A_{D1}，A_{D2}，A_D 并填写表 2.5.2。

表 2.5.2　双端输入差模电压放大倍数

测量值/V			计算值		
U_{C1}	U_{C2}	U_o	A_{D1}	A_{D2}	A_D

这里双端输入差模电压单端输出的差模放大倍数应用下式计算（V_{C1}，V_{C2} 为静态时的电压）：

$$A_{D1} = \frac{U_{C1} - V_{C1}}{V_{i1}} \qquad A_{D2} = \frac{U_{C2} - V_{C2}}{V_{i2}}$$

$$A_D = \frac{U_o}{V_{i1} - V_{i2}}$$

4. 测量双端输入共模抑制比 CMRR

将两个输入端接在一起，然后依次与直流信号源模块上 OUT1（+0.1 V）和 OUT2（-0.1 V）相连，记共模输入为 V_{IC}。测量、计算并填写表 2.5.3。若电路完全对称，则 $U_{C1} - U_{C2} = U_{C0} = 0$。实验电路一般并不完全对称。若测量值有四位有效数字，则 V_{C0} 应近似等于零。

表 2.5.3　测量双端输入共模抑制比 CMRR

输入 （V_{IC}）/V	测量值/V			计算值			
	U_{C1}	U_{C2}	U_{C0}	A_{C1}	A_{C2}	A_{C0}	CMRR
+0.1							
-0.1							

这里，双端输入共模电压单端输出的共模放大倍数应用下式计算：

$$A_{C1} = \frac{U_{C1} - V_{C1}}{V_{IC}}$$

5. 测量单端输入差模电压放大倍数

将 V_{i2} 接地，V_{i1} 分别连接直流信号源模块上 OUT1（+0.1 V），OUT2（-0.1 V），以及外加低频信号源，频率 $f = 1$ kHz，有效值为 100 mV 的正弦波

信号。测量、计算并填写表 2.5.4。若输入正弦波信号，在输出端，V_{C1}，V_{C2} 的相位相反，所以双端输出 V_o 的模是 V_{C1}，V_{C2} 的模的和，而不是差。

表 2.5.4 单端输入差模电压放大倍数

输入	测量值/V			单端输入放大倍数 A_D
	V_{C1}	V_{C2}	V_{C0}	
直流+0.1 V				
直流-0.1 V				
正弦波信号				

2.5.6 实验报告

① 根据实测数据测算图 2.5.1 所示电路的静态工作点，与预习时的计算结果相比较。

② 整理实验数据，计算各种接法的 A_D，并与理论计算值相比较。

③ 计算实验步骤 4 中 A_{C1}，A_{C2}，A_{C0} 值。

④ 总结差动放大电路的性能和特点。

2.6 比例求和运算电路

2.6.1 预习要求

① 计算表 2.6.1 中的 V_o。

② 估算表 2.6.2、表 2.6.3 中的理论值。

③ 估算表 2.6.4、表 2.6.5 中的理论值。

④ 计算表 2.6.6 中的 V_o 值。

⑤ 计算表 2.6.7 中的 V_o 值。

2.6.2 实验目的

① 掌握由集成运算放大器组成的比例、求和电路的特点及性能。

② 学会上述电路的测试和分析方法。

2.6.3　实验器材

数字万用表，示波器，信号发生器，集成运算放大电路模块。

2.6.4　实验原理

① 比例运算放大电路包括反相比例、同相比例运算电路，是其他各种运算电路的基础。相关计算公式如下：

反相比例放大器：

$$A_{\mathrm{f}} = \frac{V_{\mathrm{o}}}{V_{\mathrm{i}}} = -\frac{R_{\mathrm{F}}}{R_1}$$

同相比例放大器：

$$A_{\mathrm{f}} = \frac{V_{\mathrm{o}}}{V_{\mathrm{i}}} = 1 + \frac{R_{\mathrm{F}}}{R_1}$$

在同相比例放大器中，当 $R_{\mathrm{F}} = 0$ 和 $R_1 = \infty$ 时，$A_{\mathrm{f}} = 1$，这种电路称为电压跟随器。

② 求和电路的输出量反映多个模拟输入量相加的结果，用运算实现求和运算时，可以采用反相输入方式，也可以采用同相输入或双端输入方式。相关计算公式如下：

反相求和电路：

$$V_{\mathrm{o}} = -\left(\frac{R_{\mathrm{F}}}{R_1} \cdot V_{\mathrm{i1}} + \frac{R_{\mathrm{F}}}{R_2} \cdot V_{\mathrm{i2}} \right)$$

令 $R_1 = R_2 = R$，则

$$V_{\mathrm{o}} = \frac{-R_{\mathrm{F}}}{R} \left(V_{\mathrm{i1}} + V_{\mathrm{i2}} \right)$$

双端输入求和电路：

$$V_{\mathrm{o}} = \left(\frac{R_3}{R_2 + R_3} + \frac{R_3}{R_2 + R_3} \frac{R_{\mathrm{F}}}{R_1} \right) V_{\mathrm{i2}} - \frac{R_{\mathrm{F}}}{R_1} V_{\mathrm{i1}}$$

2.6.5　实验内容及步骤

1. 电压跟随器

实验电路如图 2.6.1 所示，按图 2.6.1 在 MD1 模块上连接电路。

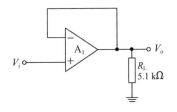

图 2.6.1 电压跟随器

按表 2.6.1 要求进行实验测量并记录（V_i 由直流信号源模块上 OUT1 提供）。

表 2.6.1 测量记录

	V_i/V	−2	−0.5	0	0.5	1
V_o/V	$R_L = \infty$					
	$R_L = 5.1\ \text{k}\Omega$					

2. 反相比例放大器

实验电路如图 2.6.2 所示，按图 2.6.2 在 MD1 模块上连接电路。

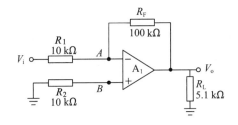

图 2.6.2 反相比例放大器

按表 2.6.2 要求进行实验测量并记录（V_i 由直流信号源模块上 OUT1 提供）。

表 2.6.2 测量记录

直流输入电压 U_i/mV		−100	−500	−1 000	+100	+500	+1 000
输出电压 U_o/mV	理论估算						
	实测值						
	误差						

按表 2.6.3 要求进行实验测量并记录。

表 2.6.3　测量记录

测试条件	理论估算值			实测值		
	V_A	V_B	V_o	V_A	V_B	V_o
R_L 开路　$V_i = 0$ V						
R_L 开路　$V_i = 800$ mV						
$R_L = 5.1$ kΩ　$V_i = 800$ mV						

3. 同相比例放大器

实验电路如图 2.6.3 所示，按图 2.6.3 在 MD1 模块上连接电路。

按表 2.6.4 和表 2.6.5 要求进行实验测量并记录（V_i 由直流信号源模块上 OUT1 提供）。

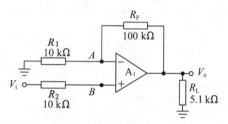

图 2.6.3　同相比例放大器

表 2.6.4　测量记录

直流输入电压 U_i/V		−0.1	−0.5	−1	+0.1	+0.5	+1
输出电压 U_o/V	理论估算						
	实测值						
	误差						

表 2.6.5　测量记录

测试条件	理论估算值			实测值		
	V_A	V_B	V_o	V_A	V_B	V_o
R_L 开路　$V_i = 0$ V						
R_L 开路　$V_i = 800$ mV						
$R_L = 5.1$ kΩ　$V_i = 800$ mV						

4. 反相求和放大电路

实验电路如图 2.6.4 所示，按图 2.6.4 在 MD1 模块上连接电路。

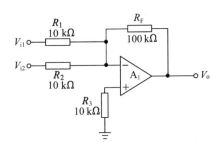

图 2.6.4　反相求和放大电路

按表 2.6.6 要求进行实验测量，并与预习时的计算比较（V_{i1} 由直流信号源模块上 OUT1 提供，V_{i2} 由 OUT2 提供）。

表 2.6.6　测量记录

V_{i1}/V	0.3	−0.3
V_{i2}/V	0.2	0.2
V_o/V		

5. 双端输入求和放大电路

实验电路如图 2.6.5 所示，按图 2.6.5 在 MD1 模块上连接电路。

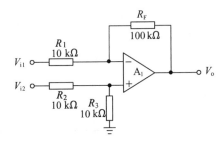

图 2.6.5　双端输入求和放大电路

按表 2.6.7 要求进行实验测量并记录（V_{i1} 由直流信号源模块上 OUT1 提供，V_{i2} 由 OUT2 提供）。

表 2.6.7　测量记录

V_{i1}/V	1	2	0.2
V_{i2}/V	0.5	1.8	−0.2
V_o/V			

2.6.6　实验报告

① 总结本实验中 5 种运算电路的特点及性能。

② 根据理论计算与实验结果，分析误差产生的原因。

2.7　积分与微分电路

2.7.1　预习要求

① 分析积分电路，思考：若输入正弦波，V_o 与 V_i 相位差是多少？当输入信号为 100 Hz，有效值为 2 V 时，V_o 为多少？

② 分析微分电路，思考：若输入方波，V_o 与 V_i 相位差是多少？当输入信号为 160 Hz，幅值为 1 V 时，输出 V_o 为多少？

③ 拟定实验步骤，并设计记录表格。

2.7.2　实验目的

① 学会用运算放大器组成积分、微分电路。

② 掌握积分、微分电路的特点及性能。

2.7.3　实验器材

数字万用表，信号发生器，双踪示波器，集成运算放大电路模块。

2.7.4　实验原理

① 积分电路是模拟计算机中的基本单元，也是控制和测量系统中的重要单元，可以实现对微分方程的模拟。还可利用其充、放电过程，实现延时、定时及产生各种波形。

图 2.7.1 所示的积分电路和反相比例放大器的不同之处是用 C 代替反馈电阻 R_F。利用虚地的概念，可知

$$i_i = \frac{V_i}{R}$$

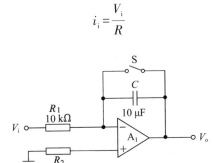

图 2.7.1　积分电路

输出电压与输入电压成积分关系，即

$$V_o = -V_C = -\frac{1}{C}\int i_i \mathrm{d}t = -\frac{1}{RC}\int V_i \mathrm{d}t$$

② 微分运算是积分运算的逆运算。图 2.7.2 为微分电路图，其中电容 C 变换了位置。利用虚地的概念有

$$V_o = -i_R R = -i_C R = -RC\frac{\mathrm{d}V_C}{\mathrm{d}t} = -RC\frac{\mathrm{d}V_i}{\mathrm{d}t}$$

故输出电压是输入电压的微分。

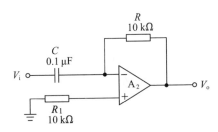

图 2.7.2　微分电路

2.7.5　实验内容及步骤

1. 积分电路

实验电路如图 2.7.1 所示，按图 2.7.1 在 MD1 模块上连接电路。

① 取 $V_i = -1$ V，直流电压，断开与接通开关 S（开关 S 用一连线代替，拔出连线一端作为断开），用示波器直流电压挡观察 V_o 变化。

② 将图 2.7.1 中积分电容改为 0.1 μF，断开 S，V_i 分别输入 100 Hz、幅

值为 2 V 的方波和正弦波信号，观察 V_i 和 V_o 的大小及相位关系，并记录波形。

③ 改变图 2.7.1 所示电路中输入信号 V_i 的频率，观察 V_i 与 V_o 的相位、幅值关系。

2. 微分电路

实验电路如图 2.7.2 所示，按图 2.7.2 在 MD1 模块上连接电路。

① 输入正弦波信号 $f = 200$ Hz，有效值为 1 V，用示波器观察 V_i 与 V_o 波形并测量输出电压。

② 改变正弦波频率（100~800 Hz），观察 V_i 与 V_o 的相位、幅值变化情况并记录。

③ 输入方波，$f = 200$ Hz，$V_i = 2$ V，用示波器观察 V_o 波形；改变输入信号频率和幅度，观察 V_o 波形有何变化。

3. 积分-微分电路

实验电路如图 2.7.3 所示，按图 2.7.3 在 MD1 模块上连接电路。

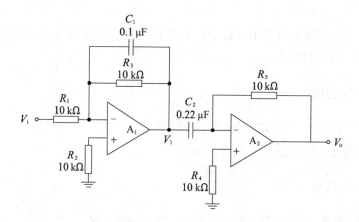

图 2.7.3　积分-微分电路

① 输入 $f = 400$ Hz，$V_i = 5$ V 的方波信号，用示波器观察 V_i 和 V_o 波形并记录。

② 改变 V_i 的频率 f，观察 V_o 的波形有何变化。

2.7.6　实验报告

① 整理实验中的数据及波形，总结积分、微分电路的特点。

② 根据实验结果与理论计算，分析误差产生的原因。

2.8 波形发生电路

2.8.1 预习要求

① 分析方波发生电路的工作原理，定性画出 V_o 和 V_C 波形。

② 若占空比可调的矩形波发生电路中 $R = 10\ \text{k}\Omega$，计算 V_o 的频率。

③ 在占空比可调的矩形波发生电路中，思考：如何使输出波形占空比变大？利用实验箱上所标元器件，画出原理图。

④ 在三角波发生电路中，思考：如何改变输出频率？设计 2 种方案并画图表示。

⑤ 在锯齿波发生电路中，思考：如何连续改变振荡频率？利用实验箱上的元器件，画出电路图。

2.8.2 实验目的

① 掌握波形发生电路的特点和分析方法。

② 熟悉波形发生器设计方法。

2.8.3 实验器材

双踪示波器，数字万用表，集成运算放大电路模块。

2.8.4 实验原理

在自动化设备和系统中，经常需要进行性能的测试和信息的传送，这些都是以一定的波形作为测试和传送的依据的。在模拟电子系统中，常用的波形有正弦波、方波和锯齿波等。

当集成运放应用于上述不同类型的波形时，其工作状态并不相同。本实验研究的方波、三角波、锯齿波的电路，实质上是脉冲电路，它们大都工作在非线性区域，常用作脉冲和数字系统的信号源。

1. 方波发生电路

方波电路如图 2.8.1 所示。电路由集成运放与 R_1，R_2 及一个滞回比较器和一个充放电回路组成。稳压管和 R_3 的作用是钳位，将滞回比较器的输出电压被稳压二极管稳定在一个特定值。

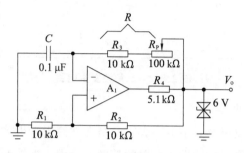

图 2.8.1　方波发生电路

滞回比较器的输出只有两种可能的状态：高电平或低电平。滞回比较器的两种不同的输出电平使 RC 电路进行充电或放电，于是电容上的电压将升高或降低，而电容上的电压又作为滞回比较器的输入电压，控制其输出端状态发生跳变，从而使 RC 电路由充电过程变为放电过程或相反。如此循环往复，周而复始，最后在滞回比较器的输出端即可得到一个高低电平周期性交替的矩形波即方波。该矩形波的周期可由下式求得：

$$T_{矩} = 2RC\ln\left(1 + \frac{2R_1}{R_2}\right)$$

2. 三角波发生电路

三角波发生电路如图 2.8.2 所示。电路由集成运放 A_1 组成滞回比较器，A_2 组成积分电路，滞回比较器输出的矩形波加在积分电路的反相输入端，而积分电路输出的三角波又接到滞回比较器的同相输入端，控制滞回比较器输出端的状态发生跳变，从而在 A_2 的输出端得到周期性的三角波。调节 R_1，R_2 可使幅度达到规定值，而调节 R_4 可使振荡满足要求。该三角形的周期可由下式求得：

$$T = \frac{4R_1R_4C}{R_2}$$

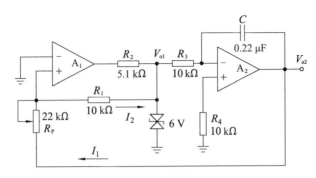

图 2.8.2　三角波发生电路

3. 锯齿波发生电路

示波器的扫描电路及数字电压表等电路常常使用锯齿波。图 2.8.3 为锯齿波发生电路，它在原三角波发生电路的基础上，用二极管 D_1、D_2 和电位器 R_P 代替原来的积分电阻，使积分电容的充电和放电回路分开，即成为锯齿波发生电路。其周期为

$$T_{锯} = \frac{2R_1 R_P C}{R_2}$$

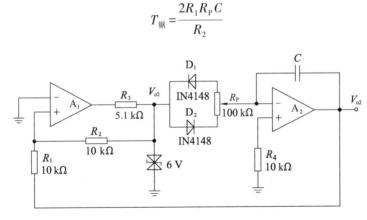

图 2.8.3　锯齿波发生电路

2.8.5　实验内容及步骤

下述实验电路均在 MD1 模块上连接。

1. 方波发生电路

实验电路如图 2.8.1 所示，双向稳压管稳压值一般为 5~6 V。

① 按电路图接线，观察 V_C、V_o 波形及频率，与预习时的数据比较。

② 分别测出 $R = 10$ kΩ，110 kΩ 时的频率，输出幅值，与预习时的数据

比较。

③ 要想获得更低的频率应如何选择电路参数？试利用实验箱上给出的元器件进行实验并观测。

2. 占空比可调的矩形波发生电路

实验电路如图 2.8.4 所示。

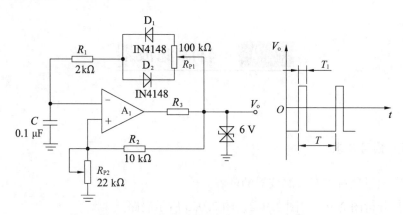

图 2.8.4　占空比可调的矩形波发生电路

① 按电路图接线，观察并测量电路的振荡频率、幅值及占空比。改变 R_{P1} 和 R_{P2}，看波形有何变化。

② 为使占空比更大，选择合适电路参数并用实验验证。

3. 三角波发生电路

实验电路如图 2.8.2 所示。

① 按电路图接线，分别观测 V_{o1} 及 V_{o2} 的波形并记录。改变 R_p 看波形有何变化。

② 如何改变输出波形的频率？按预习时的方案分别进行实验并记录。

4. 锯齿波发生电路

实验电路如图 2.8.3 所示。

① 按电路图接线，调整 R_p，观测电路输出波形和频率。

② 按预习时的方案改变锯齿波频率并测量变化范围。

③ 将 100 kΩ 电位器改成 22 kΩ，观察波形的变化。

2.8.6　实验报告

① 画出各实验的波形图。

② 画出各实验预习要求的设计方案、电路图，写出实验步骤及结果。

③ 总结波形发生电路的特点，并回答以下问题：

（a） 波形产生电路需调零吗？

（b） 波形产生电路有没有输入端？

2.9 有源滤波器

2.9.1 预习要求

① 预习教材中有关滤波器的内容。

② 分析图 2.9.1、图 2.9.2、图 2.9.3 所示电路。

③ 大致画出三个电路的幅频特性曲线。

2.9.2 实验目的

① 熟悉滤波器的构成及其特性。

② 学会测量滤波器幅频特性的方法。

2.9.3 实验器材

示波器，信号发生器，集成运算放大电路模块。

2.9.4 实验原理

滤波器是一种能使有用频率信号通过而同时抑制（或大幅衰减）无用频率信号的电子装置。工程上常用它进行信号处理、数据传送和抑制干扰等。这里主要讨论模拟滤波器。以往这种滤波电路主要由无源元件 R，L，C 组成。20 世纪 60 年代以来，集成运放迅速发展。由集成运放和 R，C 组成的有源滤波电路，具有不用电感、体积小、质量轻等优点。此外，由于集成运放的开环电压增益和输入阻抗均很高，输出阻抗又低，构成有源滤波电路后还具有一定的电压放大和缓冲作用。但是，集成运放的带宽有限，所以目前有源滤波电路的工作频率难以做得很高，这是它的不足之处。

1. 初步定义

滤波电路的一般结构如图 2.9.1 所示。图中的 $V_i(t)$ 表示输入信号，$V_o(t)$ 表示输出信号。

图 2.9.1　滤波电路的一般结构

假设滤波器是一个线形时不变网络，则在复频域内有

$$A(s)=V_o(s)/V_i(s)$$

式中，$A(s)$ 是滤波电路的电压传递函数，一般为复数。对于实际频率来说（$s=j\omega$），则有

$$A(j\omega)=|A(j\omega)|e^{j\varphi(\omega)}$$

这里 $|A(j\omega)|$ 为传递函数的模，$\varphi(\omega)$ 为其相位角。

此外，在滤波电路中关心的另一个量是时延 $\tau(\omega)$，其定义为

$$\tau(\omega)=-\frac{\mathrm{d}\varphi(\omega)}{\mathrm{d}\omega}$$

通常用幅频响应来表征一个滤波电路的特性，欲使信号通过滤波器的失真很小，则相位和时延响应亦需考虑。当相位响应 $\varphi(\omega)$ 作线性变化，即时延响应 $\tau(\omega)$ 为常数时，输出信号才可能避免失真。

2. 滤波电路的分类

对于幅频响应，通常把能够通过的信号频率范围定义为通带，而把受阻或衰减的信号频率范围称为阻带，通带和阻带的界限频率称为截止频率。

理想滤波电路在通带内应具有零衰减的幅频响应和线性的相位响应，而在阻带内应具有无限大的幅度衰减（$|A(j\omega)|=0$）。按照通带和阻带的位置不同，滤波电路通常可分为以下几类：

① 低通滤波电路。其幅频响应如图 2.9.2(a)所示。图中 A_0 表示低频增益 $|A|$ 增益的幅值。由图可知，它的功能是通过从零到某一截止角频率 ω_H 的低频信号，而对大于 ω_H 的所有频率完全衰减，因此其带宽 $BW=\omega_H$。

② 高通滤波电路。其幅频响应如图 2.9.2(b)所示。由图可以看到，在 $0<\omega<\omega_L$ 范围内的频率为阻带，高于 ω_L 的频率为通带。从理论上来说，它的带宽 $BW=\infty$，但实际上，由于受有源器件带宽的限制，高通滤波电路的带宽也

是有限的。

③ 带通滤波电路。其幅频响应如图 2.9.2(c) 所示。图中 ω_L 为低边截止角频率，ω_H 为高边截止角频率，ω_0 为中心角频率。由图可知，它有两个阻带，即 $0<\omega<\omega_L$ 和 $\omega>\omega_H$，因此带宽 $BW=\omega_H-\omega_L$。

④ 带阻滤波电路。其幅频响应如图 2.9.2(d) 所示。由图可知，它有两个通带，即在 $0<\omega<\omega_H$ 和 $\omega>\omega_L$，以及一个阻带，即 $\omega_H<\omega<\omega_L$。因此，它的功能是衰减 ω_L 到 ω_H 间的信号。同高通滤波电路相似，由于受有源器件带宽的限制，通带 $\omega>\omega_L$ 也是有限的。带阻滤波电路抑制频带中点所在角频率 ω_0 也叫中心角频率。

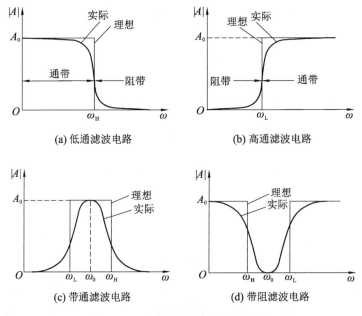

图 2.9.2　各种滤波电路的幅频响应

2.9.5　实验内容及步骤

下述实验电路均在 MD1 模块上连接。

1. 测量低通滤波器的幅频特性

实验电路如图 2.9.3 所示。

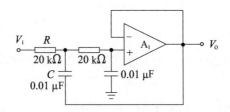

图 2.9.3　低通滤波器

（1）逐点测量法

① 按实验电路连线；

② 将信号源（$f = 100$ Hz，幅度峰–峰值为 2 V 的正弦波）与低通滤波器的 V_i 相连；

③ 用示波器测量低通滤波器输出 V_o 的幅度；

④ 保持输入信号不变，按照表 2.9.1 调节输入信号频率，测出与之相对应的输出信号 V_o 的幅度，并填入表 2.9.1；

⑤ 以横轴为频率 f，纵轴为输出电压幅度 V_o，按照表 2.9.1 中的数据，画出幅频特性曲线。

表 2.9.1　测量记录

V_i/V	2	2	2	2	2	2	2	2	2	2
f/Hz	100	200	300	400	500	700	800	1 000	1 200	1 400
V_o/V										

（2）扫频测量法

如果有扫频仪，可直接利用扫频仪测量滤波器的幅频响应及截止频率。

2. 测量高通滤波器的幅频特性

实验电路如图 2.9.4 所示。

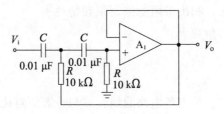

图 2.9.4　高通滤波器

（1）逐点测量法

① 按实验电路连线；

② 将信号源（$f=200$ Hz，幅度峰–峰值为 2 V 的正弦波）加到高通滤波器输入端 V_i；

③ 用示波器测量高通滤波器输出 V_o 的幅度；

④ 保持输入信号幅度不变，按照表 2.9.2 调节输入信号频率，测出与之对应的输出信号 V_o 的幅度，并填入表 2.9.2；

⑤ 以横轴为频率 f，纵轴为输出电压幅度 V_o，按照表 2.9.2 中的数据，画出幅频特性曲线。

表 2.9.2　测量记录

V_i/V	2	2	2	2	2	2	2	2	2	2
f/Hz	200	400	600	800	1 000	1 200	1 600	2 000	2 400	2 800
V_o/V										

（2）扫频测量法

如果有扫频仪，可直接利用扫频仪测量滤波器的幅频响应及截止频率。

3. 测量带阻滤波器的幅频特性

实验电路如图 2.9.5 所示。

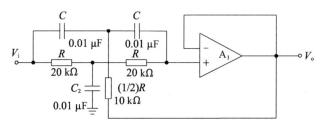

图 2.9.5　带阻滤波器

① 按照上述方法，测出带阻滤波器幅频特性。

② 实测电路中心角频率。

2.9.6　实验报告

① 整理实验数据，画出各电路曲线，并与计算值对比，分析误差。

② 如何组成带通滤波器？试设计一中心角频率为 300 Hz、带宽为 200 Hz 的带通滤波器。

2.10　电压比较器

2.10.1　预习要求

① 分析过零比较器电路，思考以下问题：

（a）比较器是否要调零？原因何在？

（b）比较器两个输入端电阻是否要求对称？为什么？

（c）运放两个输入端电位差如何估计？

② 分析反相滞回比较器电路，计算：

（a）使 V_o 由 $+V_{om}$ 变为 $-V_{om}$ 的 V_i 临界值；（V_{om} 为稳压管上稳定后的电压）

（b）使 V_o 由 $-V_{om}$ 变为 $+V_{om}$ 的 V_i 临界值；

（c）若由 V_i 输入有效值为 1 V 的正弦波，试画出 V_i-V_o 波形图。

③ 分析同相滞回比较器电路，重复②中各步骤。

④ 按预习内容准备记录表格及记录波形的坐标纸。

2.10.2　实验目的

① 掌握比较器的电路构成及特点。

② 学会测试比较器的方法。

2.10.3　实验器材

双踪示波器，信号发生器，数字万用表，集成运算放大电路模块。

2.10.4　实验原理

电压比较器的作用是将一个模拟量的电压信号和一个参考电压相比较，在二者幅度相等的附近，输出电压将产生跃变，通常用于越限报警、模数转换和波形变换等场合。

1. 过零比较器

如图 2.10.1 所示为反相输入方法的过零比较器，利用两个背靠背的稳压管实现限幅。集成运放处于开环工作状态，由于理想运放的开环差模增益 $A_{od} = \infty$，因此，当 $V_i < 0$ 时，

$$V_o = +V_{oPP}（为最大输出电压）> V_Z$$

导致上稳压管导通，下稳压管反向击穿，$V_o = +V_Z = +6\ V$；当 $V_i > 0$ 时，

$$V_o = -V_{oPP}$$

导致上稳压管反向击穿，下稳压管正向导通，$V_o = -V_Z = -6\ V$。其比较器的传输特性如图 2.10.2 所示。

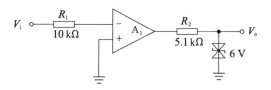

图 2.10.1　过零比较器

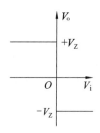

图 2.10.2　过零比较器的传输特性

2. 反相滞回比较器

反相滞回比较器的电路如图 2.10.3 所示。

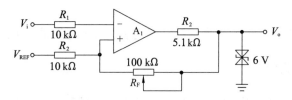

图 2.10.3　反相滞回比较器

利用叠加原理求得同相输入端的电位为

$$V_+ = \frac{R_F}{R_2 + R_F} V_{REF} + \frac{R_2}{R_2 + R_F} V_o$$

若原来 $V_o = -V_Z$，当 V_i 逐渐增大时，使 V_o 从$-V_Z$ 跳变到$+V_Z$ 所需的门限电平用 V_{T+} 表示，则有

$$V_{T+} = \frac{R_F}{R_2 + R_F} V_{REF} + \frac{R_2}{R_2 + R_F} V_Z$$

若初始 $V_o = +V_Z$，当 V_i 逐渐减小时，使 V_o 从$+V_Z$ 跳变为$-V_Z$ 所需的门限电平用 V_{T-} 表示，则有

$$V_{T-} = \frac{R_F}{R_2 + R_F} V_{REF} - \frac{R_2}{R_2 + R_F} V_Z$$

上述两个门限电平之差称为门限宽度线回差，用 ΔV_T 表示：

$$\Delta V_T = V_{T+} - V_{T-} = \frac{2R_2}{R_2 + R_F} V_Z$$

ΔV_T 的值取决于 V_Z 及 R_2，R_F 的值，与参考电压 V_{REF} 无关，改变 V_{REF} 的大小可同时调节 V_{T+}，V_{T-} 的大小，滞回比较器的传输特性可左右移动，但滞回曲线的宽度将保持不变。

3. 同相滞回比较器

同相滞回比较器电路如图 2.10.4 所示。

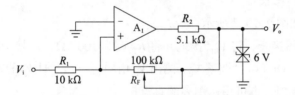

图 2.10.4　同相滞回比较器电路

由于 $V_- = V_{REF} = 0$，故 $V_+ = V_- = 0$。利用叠加原理可得

$$V_+ = \frac{R_F}{R_1 + R_F} V_i + \frac{R_1}{R_2 + R_F} V_o$$

$$V_1 = -\frac{R_1}{R_F} V_o$$

V_T 即为阈值，$V_{T+} = \frac{R_1}{R_F} V_Z$，$V_{T-} = -\frac{R_1}{R_F} V_Z$，所以

$$\Delta V_T = V_{T+} - V_{T-} = \frac{R_1}{R_F} V_Z - \left(-\frac{R_1}{R_F} V_Z \right) = 2 \frac{R_1}{R_F} V_Z$$

滞回曲线图如图 2.10.5 所示。

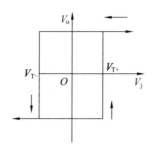

图 2.10.5　滞回曲线图

2.10.5　实验内容及步骤

下述实验电路均在 MD1 模块上连接。

1. 过零比较器

实验电路如图 2.10.1 所示。

① 按电路图接线，在 V_i 接地时测 V_o 电压。

② V_i 是输入频率为 500 Hz、有效值为 1 V 的正弦波，观察 V_i-V_o 波形并记录（注意 V_o 的正负值）。

③ 改变 V_i 幅值，观察 V_o 的变化。

2. 反相滞回比较器

实验电路如图 2.10.3 所示。

① 按电路图接线，将 V_{REF} 接地并将 R_F 调为 100 kΩ，V_i 接 DC 电压源（直流信号源模块上 OUT1），调整 V_i，测出 V_o 由 $+V_{om} \rightarrow -V_{om}$ 时 V_i 的临界值（测 V_o 可用示波器直流挡，也可用三用表的直流挡）。

② 同上，测出 V_o 由 $-V_{om} \rightarrow +V_{om}$ 时 V_i 的临界值。

③ V_i 接频率为 500 Hz、有效值为 2 V 的正弦波信号，观察并记录 V_i-V_o 波形。

④ 将电路中 R_F 调为 50 kΩ，重复上述实验。

3. 同相滞回比较器

实验电路为图 2.10.4 所示。

① 参照反相滞回比较器的实验方法自拟实验步骤及方法。

② 将结果与反相滞回比较器相比较。

2.10.6　实验报告

① 整理实验数据及波形图，并与预习时的计算值比较。

② 总结几种比较器的特点。

2.11　集成电路 *RC* 正弦波振荡器

2.11.1　预习要求

① 复习 *RC* 桥式振荡器的工作原理。

② 完成正反馈支路与负反馈支路的原理认知。

2.11.2　实验目的

① 掌握 *RC* 桥式正弦波振荡器的电路构成及工作原理。

② 熟悉正弦波振荡器的调整、测试方法。

③ 观察 *RC* 参数对振荡频率的影响，学习振荡频率的测定方法。

2.11.3　实验器材

双踪示波器，低频信号发生器，频率计，集成运算放大电路模块。

2.11.4　实验原理

文氏振荡电桥电路如图 2.11.1 所示。

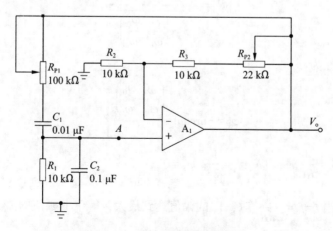

图 2.11.1　文氏振荡电桥电路

在 MD1 模块上，反馈电路可简化为如图 2.11.2 所示。

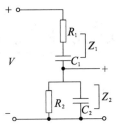

图 2.11.2 反馈电路

其频率特性表示式为

$$\dot{F}=\frac{\dot{V}_\mathrm{f}}{\dot{V}}=\frac{Z_2}{Z_1+Z_2}=\frac{\dfrac{R_2}{1+\mathrm{j}\omega R_2 C_2}}{R_1+\dfrac{1}{\mathrm{j}\omega C_1}+\dfrac{R_2}{1+\mathrm{j}\omega R_2 C_2}}=\frac{1}{\left(1+\dfrac{R_1}{R_2}+\dfrac{C_2}{C_1}\right)+\mathrm{j}\left(\omega C_2 R_1-\dfrac{1}{\omega C_1 R_2}\right)}$$

为了方便调节振荡频率，通常使 $R_1=R_2=R$，$C_1=C_2=C$。令 $\omega_0=\dfrac{1}{RC}$，则上式可简化为

$$\dot{F}=\frac{1}{3+\mathrm{j}\left(\dfrac{\omega}{\omega_0}-\dfrac{\omega_0}{\omega}\right)}$$

其幅度特性为

$$|\dot{F}|=\frac{1}{\sqrt{3^2+\left(\dfrac{\omega}{\omega_0}-\dfrac{\omega_0}{\omega}\right)^2}}$$

相频特性为

$$\varphi_\mathrm{F}=-\arctan\left[\frac{\left(\dfrac{\omega}{\omega_0}-\dfrac{\omega_0}{\omega}\right)}{3}\right]$$

当 $\omega=\omega_0=\dfrac{1}{RC}$ 时，$|F|_{\max}=\dfrac{1}{3}$，$\varphi_\mathrm{F}=0$。

就是说当 $f=f_0=\dfrac{1}{2\pi RC}$ 时，$\dot{V}_\mathrm{f}$ 的幅值达到最大，等于 $\dot{V}$ 幅值的 1/3，同时 $\dot{V}_\mathrm{f}$ 与 $\dot{V}$ 同相。

必须使 $|\dot{A}\dot{F}|>1$，因此文氏振荡电路的起振条件为 $\left|\dot{A}\cdot\dfrac{1}{3}\right|>1$，即 $|\dot{A}|>3$。

因同相比例运算电路的电压放大倍数为 $A_{\mathrm{Vf}}=1+R_{\mathrm{f}}/R_{\mathrm{i}}$，因此，实际振荡电路中负反馈支路的参数应满足以下关系：

$$R_{\mathrm{f}}>2R' \quad (R'=R_2)$$

2.11.5　实验内容及步骤

① 按图 2.11.1 在 MD1 模块上接线。注意电阻 $R_{\mathrm{P1}}=R_1$，需预先调好再接入。

② 用示波器观察输出波形。

③ 用频率计测量上述电路输出频率。

④ 改变振荡频率：调节 R_{P1} 即可改变振荡频率，测振荡频率 f_0 之前，应适当调节 R_{P2} 使 V_{o} 无明显失真后，再测频率。

⑤ 测定运算放大器放大电路的闭环电压放大倍数 A_{Vf}。

先测出图 2.11.1 所示电路输出电压 V_{o} 值后，关断实验箱电源，保持 R_{P2} 不变，断开图 2.11.1 中 A 点处接线，把低频信号发生器的输出电压接至一个 1 kΩ 的电位器上，再从这个 1 kΩ 电位器的滑动接点取 V_{i} 接至运算放大器同相输入端。如图 2.11.3 所示，将低频信号源频率调至上面测出的 f_0 上，再调节 V_{i} 使 V_{o} 等于原值，测出此时的 V_{i} 值。由此可得：

$$A_{\mathrm{Vf}}=V_{\mathrm{o}}/V_{\mathrm{i}}=\underline{\hspace{3cm}}\text{倍}$$

⑥ 自拟详细步骤，测定并作出 RC 串并联网络的幅频特性曲线。

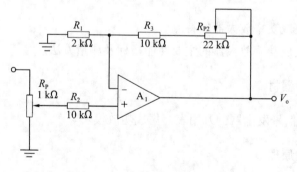

图 2.11.3　运算放大器放大电路

2.11.6 实验报告

① 电路中哪些参数与振荡频率有关？将振荡频率的实测值与理论估算值比较，分析产生误差的原因。

② 总结改变负反馈深度对振荡器起振的幅值条件及输出波形的影响。

③ 完成预习要求中第②项内容。

④ 作出 RC 串并联网络的幅频特性曲线。

2.12 集成功率放大器

2.12.1 预习要求

① 复习集成功率放大器工作原理，对照电路图（图 2.12.1）分析电路工作原理。

② 在图 2.12.2 所示电路中，若 $V_{CC} = 12$ V，$R_L = 8$ Ω，估算该电路的 P_{cm}，P_V 值。

③ 阅读实验内容，准备记录表格。

2.12.2 实验目的

① 熟悉集成功率放大器的特点。

② 掌握集成功率放大器的主要性能指标及测量方法。

2.12.3 实验器材

示波器，信号发生器，万用表，集成功放模块。

2.12.4 实验原理

LM386 内部电路如图 2.12.1 所示。

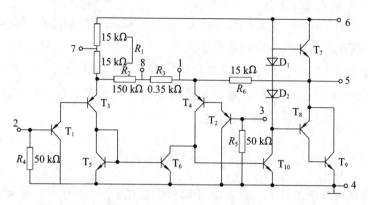

图 2.12.1　LM386 内部电路

图中 $T_1 \sim T_6$ 管为输入极，其中 T_1，T_3 和 T_2，T_4 管接成共集-共射组合差动放大电路；T_5，T_6 为镜像电流源，作为有源负载，R_2，R_3 为发射极反馈电阻；差放中 T_3 管的静态电流 I_{CQ3}（$\approx I_{EQ3}$）由 V_{CC} 通过 R_1 设定；T_4 管的静态电流 I_{CQ4}（$\approx I_{EQ4}$）由输出静态电位 V_{OQ} 通过反馈电阻 R_6 设定。设定管导通电压相等，且忽略 R_4，R_5 上的压降（$V_{BQ1} = V_{BQ2} \approx 0$），则有

$$I_{CQ3} = \frac{V_{CC} - V_{EB(OW)3} - V_{EB(OW)1}}{R_1} \approx \frac{V_{CC} + 2V_{RE(OW)}}{R_1}$$

$$I_{CQ4} = \frac{V_{OQ} - V_{EB(OW)4} - V_{EB(OW)2}}{R_6} \approx \frac{V_{OQ} + 2V_{BE(OW)}}{R_6}$$

静态时差放两侧电流相等，即 $I_{CQ3} = I_{CQ4}$，且已知

$$R_1 = 30 \text{ k}\Omega = 2R_6 = 2 \times 15 \text{ k}\Omega = 30 \text{ k}\Omega$$

求得

$$V_{OQ} = V_{OC}/2 - V_{BE(OW)} = V_{OC}/2$$

由于 R_6 的负反馈作用，V_{OQ} 始终维持在 $V_{OC}/2$ 附近。

当各管工作在放大区时，T_1（或 T_2）管发射极最低瞬时电位

$$V_{E3} = V_{EC3} + V_{BE5} = V_{EC(SAT)} + V_{EC(OW)} = 0.3 \text{ V} + 0.7 \text{ V} = 1 \text{ V}$$

相应地，T_1（或 T_2）管发射极最低瞬时电位

$$V_{E1} = V_{E3} - V_{ER3} = 1 \text{ V} - 0.7 \text{ V} = 0.3 \text{ V}$$

因而 T_1（或 T_2）管基极允许最低瞬时电位可达到 -0.4 V（$V_{B1} = V_{E1} - V_{EB1} = 0.3$ V $- 0.7$ V $= -0.4$ V）。可见，幅度小于 0.4 V 的交流信号电压加到任一输入端，都可保证各管工作在放大区。同时，R_4，R_5 已为 T_1，T_2 管基极提供了直流通路，因此，可允许输入信号通过隔直电容加到任一输入端。

中间级由 T_{10} 和 I_0 组成有源负载共发放大器的激励级对电压进行放大，由 $T_7 \sim T_9$ 管接成互补推挽电路的功率输出级，D_1，D_2 给 T_7，T_8 提供偏置电压。

在整个放大器中，R_6 不仅是直流负反馈电阻，也是交流负反馈电阻。当 1，8 脚之间加上电容 C_2 时，输出交流信号电压通过 R_6，R_2，R_3 之间产生反馈信号电压。电压反馈系数为

$$K = \frac{R_6}{R_2 + R_6} = \frac{15 \text{ k}\Omega}{150 \text{ k}\Omega + 15 \text{ k}\Omega} \approx \frac{1}{100}$$

在深度负反馈条件下，放大器的电压增益 $A_{Vf} = \frac{1}{K_{Vf}} = 100$ 倍，负反馈不仅稳定了电压增益，还有效地减小了非线性失真。

2.12.5 实验内容及步骤

1. 实验电路

如图 2.12.2 所示电路为集成功率放大器实验电路。

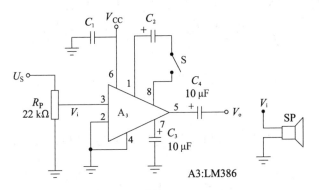

图 2.12.2 集成功率放大器实验电路

2. 实验内容

本实验电路用的是 LM386 元器件，其最大输出功率为 0.5 W。实验中，1，8 端开路，LM386 的电压放大倍数约为 20 倍，负载为 8 Ω 的喇叭。为减少损坏，加在图 2.12.2 所示电位器 R_P 上端的电压不得超过有效值 500 mV。

① 输入交流信号 $f = 1$ kHz，有效值 $U_S = 500$ mV，调节 R_P 电位器使 $V_i = 300$ mV，不接负载，改变频率，测量功放的幅频特性，绘制幅频特性曲线。

② 接负载 $R_L = 8$ Ω 的喇叭，重复①中的实验步骤，将①和②得到的幅频特性曲线绘制在同一张图上。

③ 输入交流信号 $f = 1$ kHz，U_S 峰 - 峰值为 1 000 mV，不接负载，按表 2.12.1 中输入电压 V_i，调节电位器 R_P，测出与输入电压 V_i 对应的输出电压，画出功放的输入 - 输出特性曲线。

表 2.12.1　测量输出电压

输入 V_i/mV	50	100	200	300	400	500
空载输出/V						
负载输出/V						

④ 接负载 $R_L = 8\ \Omega$ 的喇叭，重复③中的实验步骤，将③和④中得到的输入 - 输出特性曲线绘制在同一张图上。（建议按表 2.12.1 中要求测得）

⑤ 输入交流信号 $f = 1$ kHz，有效值 $V_i = 200$ mV，接上负载 R_L（8 Ω），测量并估算功放的输出交流功率 P、直流电源消耗功率 P_V（忽略 LM386 中电压放大电路的功耗，仅计算功率放大电路的功耗）和效率 η。

对于正弦波信号，在正半周 T_7 导通，T_8，T_9 组成的复合管截止，T_7 集电极上的功耗为

$$P_{T7} = \frac{1}{2\pi} \int_0^\pi \left(\frac{V_{CC}}{2} - V_o \right) \frac{V_o}{R_L} d(\omega t)$$

$$= \frac{1}{2\pi} \int_0^\pi \left(\frac{V_{CC}}{2} - V_{om}\sin \omega t \right) \frac{V_{om}\sin \omega t}{R_L} d(\omega t)$$

$$= \frac{1}{2\pi} \int_0^\pi \left(\frac{V_{CC} V_{om}}{2R_L}\sin \omega t - V_{om}^2 \sin^2\omega t \right) d(\omega t)$$

$$= \frac{1}{R_L} \left(\frac{V_{CC} V_{om}}{2\pi} - \frac{V_{om}^2}{4} \right)$$

在负半周 T_7 截止，T_8，T_9 组成的复合管导通，复合管等效集电极上的功耗 $P_{T8\text{-}T9} \approx P_{T7}$。负载在一个周期中得到的功率为

$$P_0 = \frac{V_{om}^2}{2R_L} = \frac{V_{orms}^2}{R_L}$$

式中，V_{om} 为输出正弦波信号的幅值，V_{orms} 为正弦波信号的有效值，V_{CC} 为电源电压（+12 V）。所以直流电源的功耗为

$$P_V \approx 2P_{T7} + P_0 = \frac{V_{CC} V_{om}}{\pi R_L}$$

效率近似为

$$\eta = \frac{P_0}{P_V} = \frac{\pi V_{om}}{2V_{CC}}$$

2.12.6　实验报告

① 根据实验测量值计算各种情况下 P_{CM}，P_V，η。

② 试叙述负载对功放性能的影响。

2.13　*LC* 振荡器及选频放大器

2.13.1　预习要求

① 复习 *LC* 电路三点式振荡器的振荡条件及频率计算方法，计算图 2.13.1 所示电路中当电容 *C* 分别为 0.047 μF 和 0.01 μF 时的振荡频率。

② 复习 *LC* 选频放大器的幅频特性。

2.13.2　实验目的

① 了解 *LC* 正弦波振荡器的组成与原理及振荡条件。

② 掌握 *LC* 选频放大器幅频特性的测试方法。

2.13.3　实验器材

正弦波信号发生器，示波器，频率计（若无频率计，可由示波器测量波形周期再进行换算），分立元件放大电路模块。

2.13.4　实验原理

图 2.13.1 为三极管 *LC* 选频放大电路。R_3，R_{P1}，R_4，R_{P2}，R_6 为放大器偏置元件，为三极管提供静态工作点，使其工作在放大区。

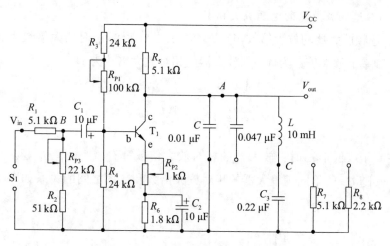

图 2.13.1　*LC* 振荡器及选频放大器

LC 并联谐振回路（谐振频率 f_0）作放大器集电极负载，主要作用是选频，为振荡器产生正弦波。

输入信号 S_i 经 R_1，R_2 分压后（$V_{bc} = \dfrac{R_2}{R_1 + R_2} V_S$）再经 C_1 耦合送至 T_1 的 b-e，经放大后，通过 *LC* 选频，选出频率为 f_0 的信号送到负载 R_7 或 R_8 上。

1. *LC* 选频放大器的品质因数

在 *LC* 并联谐振电路中，无负载时电路的品质因数 Q' 近似和电感线圈的品质因数 Q 相等，即

$$Q' = Q = \frac{R}{\omega_0 L} = \frac{1}{g' \omega_0 L}$$

当并联谐振回路接在选频放大器的集电极，并在次级接有负载时，谐振电路的有载品质因数为

$$Q_L = \frac{1}{g \omega_0' L}$$

式中，$g = g_0' + g_L' + g'$，$g_0' = hoe$ 为晶体管输出电导，$g_L' = \dfrac{1}{R_L}$ 为负载电导，g' 为线本身的电导。

此时谐振电路的谐振频率为

$$f_0 = \frac{1}{2\pi \sqrt{LC'}}$$

2. *LC* 选频放大器的电压放大倍数

LC 选频放大器的放大倍数与频率有关，若在频率 f_0 时放大倍数为 A_0，而在其他频率上放大倍数为 A，则放大器的相对放大倍数为

$$\left| \frac{A}{A_0} \right| = \frac{1}{\sqrt{1 + Q_L^2 \frac{4(f-f_0)^2}{f_0^2}}}$$

在高于或低于 f_0 时，放大器的相对放大倍数都有减小，离 f_0 越远放大倍数越小。随 Q_L 的不同，放大器的相对放大倍数和频率之间的关系如图 2.13.2 所示。

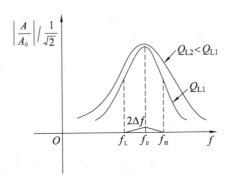

图 2.13.2　选频特性曲线

放大器的相对放大倍数 $\left| \dfrac{A}{A_0} \right| = \dfrac{1}{\sqrt{2}}$ 的两个频率之间的频率范围定义为放大器的通频带。

$$2\Delta f = f_H - f_L = \frac{f_0}{Q_L}$$

通频带与 Q_L 成反比，Q_L 越高，通频带越窄，曲线越尖锐，选择性越好。

2.13.5　实验内容及步骤

1. 绘制选频放大器的幅频特性曲线

① 按图 2.13.1 接线，先选电容 C 为 0.01 μF。

② 接上 +12 V 电源（与直流信号源模块 +12 V 相连），调节 R_{P1} 使晶体管 Q_1 的集电极电压为 6 V。

③ 调节信号源幅度和频率，使 $f \approx 16$ kHz，$U_S = 3V_{P-P}$，接到放大器输入端

V_{in}，用示波器监视 V_{out}，输出波形；调节 R_{P2} 和 R_{P3} 使失真最小，输出幅度最大，测量此时 A 点和 B 点幅度，计算放大倍数 $A_V = \dfrac{U_A}{U_B}$。

④ 微调信号源频率（信号源输入幅度不变）使 V_{out} 最大，并记录此时的 f_0 及输出信号幅值 V_{out}。

⑤ 改变信号源频率，使 f 分别为 (f_0-6)，(f_0-4)，(f_0-2)，(f_0-1)，(f_0+1)，(f_0+2)，(f_0+4)，(f_0+6)（单位：kHz），分别测出相对应频率的输出幅度，然后按照所测数据画出幅频特性曲线。

⑥ 将电容 C 改接为 0.047 μF，重复上述实验步骤（输入信号频率改为 8 kHz 左右）。

2. LC 振荡器的研究

在图 2.13.1 中去掉信号源，将 $C = 0.01$ μF 接入，断开 R_2。在不接通 B，C 两点的情况下，令 $R_{P2} = 0$，调节 R_{P1} 使 T_1 的集电极电压为 6 V。

（1）振荡频率

① 接通 B，C 两点，用示波器观察 A 点波形，调节 R_{P2} 使波形不失真，测量此时的振荡频率，并与前面实验的选频放大器谐振频率 f_0 比较。

② 将 C 改为 0.047 μF，重复上述步骤。

（2）振荡幅度条件

① 在上述形成稳定振荡的基础上，分别测量 C 点和 A 点的电压 V_C，V_A，求出 A_V 值，验证 A_V 是否等于 1。

② 调节 R_{P2}，加大负反馈，观察振荡器是否会停振。

③ 在恢复振荡的情况下，在 A 点分别接入 5.1 kΩ，2.2 kΩ 负载电阻，观察输出波形的变化。

3. 影响输出波形的因素

① 在输出波形不失真的情况下，调节 R_{P2}，使 $R_{P2} \to 0$，即减小负反馈，观察振荡波形的变化。

② 在波形不失真的情况下，调节 R_{P1} 观察振荡波形变化。

2.13.6　实验报告

① 由实验内容 1 作出选频的 $|A_V|$-f 曲线。

② 记录实验内容 2 的各步实验现象，并解释原因。

③ 总结负反馈对振荡幅度和波形的影响。

④ 分析静态工作点对振荡条件和波形的影响。

2.14　电压/频率转换电路

2.14.1　预习要求

① 指出图 2.14.1 中电容 C 的充电和放电回路。

② 定性分析用可调电压 V_i 改变 V_o 频率的工作原理。

2.14.2　实验目的

① 了解波形发生器中频率变换的方法。

② 掌握电压/频率转换电路的原理及测试方法。

2.14.3　实验器材

示波器，数字万用表，集成运算放大电路模块。

2.14.4　实验原理

实验电路如图 2.14.1 所示。该图实际上就是锯齿波发生电路，只不过这里是通过改变输入电压 V_i 的大小来改变波形频率，从而将电压参量转换成频率参量。

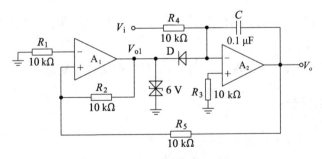

图 2.14.1　电压/频率转换电路

A_1 为同相输入滞回比较器，A_2 组成积分电路，滞回比较器输出的矩形波加在二极管 D 的负端，V_i 输入信号加在积分电路的反相端，而积分电路输出的锯齿波接到滞回比较器的同相输入端，控制滞回比较器输出端的状态发生跳变。

假设 $t=0$ 时滞回比较器输出为高电平，即 $V_{o1}=+V_Z$，则 D 截止积分电容上的初始电压为 0，V_i 对 C 充电，积分电路的输出电压 V_o 将随着时间往负方向线性增长。由于 V_o 接到 A_1 的正相输入端，故 A_1 的正相输入随之减小。当减小至某一负值时，滞回比较器的输出端将发生跳变，使 $V_{o1}=-V_Z$。此时 D 导通，C 放电，V_o 随时间往正方向线性增长，滞回比较器输出波形如图 2.14.2 所示。当 V_i 大小改变时，可控制 D 导通与截止，使 C 充放电路径不同，从而使锯齿波频率改变。

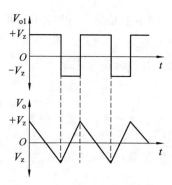

图 2.14.2　滞回比较器输出波形

2.14.5　实验内容及步骤

① 按图 2.14.1 接线，用示波器监测 V_{o1}，V_o 波形。

② 按表 2.14.1 所示内容测量电压–频率转换关系。可先用示波器测量周期，然后再换算成频率（表中 V_i 由直流信号源模块上 OUT1 提供）。

表 2.14.1　测量记录

V_i/V	0	1	2	3	4	5
T/ms						
f/Hz						

2.14.6　实验报告

作出频率–电压关系曲线。

2.15 波形变换电路

2.15.1 预习要求

① 分析图 2.15.1 所示电路的工作原理，思考：这种变换电路对工作频率要求如何？

② 定性画出图 2.15.2 所示电路的 V_i 和 V_o 的波形图。

③ 设计正弦波变方波电路。

④ 自拟全部实验步骤，并设计记录表格。

2.15.2 实验目的

① 熟悉波形变换电路的工作原理及特性。

② 掌握波形变换电路的参数选择和调试方法。

2.15.3 实验器材

双踪示波器，函数发生器，数字万用表，集成运算放大电路模块。

2.15.4 实验原理

若直接用二极管整流，由于普通二极管门限电压为零点几伏，所以只能用于大信号整流。若要求检波器件的门限电压尽可能地小，如 1 mV，则可利用运放和二极管构成这样的检波器件，如图 2.15.1(a)所示。在图 2.15.1(a)中，若运放输入 V_i 为很小的负电压，由于运放的开环增益很大，运放输出 V_o 趋向于很大的正电压，D_1 导通，有 $V_o \approx V_i$。可见，图 2.15.1(a)等效为一个理想检波二极管，这样等效理想检波二极管也可用图 2.15.1(b)表示。

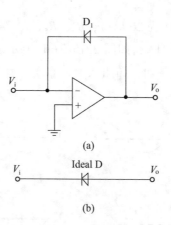

(a)

(b)

图 2.15.1　理想二级检波管

　　图 2.15.2 就是利用这样的等效理想检波二极管组成的精密全波整流电路。现以正弦波输入为例，介绍其工作原理。

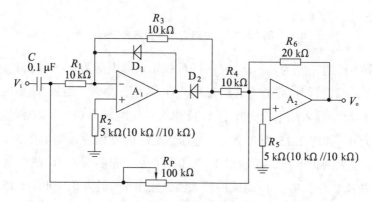

图 2.15.2　精密整流电路

　　在正半周期，V_i 为正，运放 A_1 的反相输入端电压为 0^+，输出趋向于很大的负电压，二极管 D_1 截止，这里先假设 D_2 导通。那么，由 R_1，R_2，R_3，A_1，D_1，D_2 组成的电路等效放大倍数为 -1 的放大器，V_{o1} 输出的波形如图 2.15.3（b）所示。当运放 A_1 的反相输入端电压为 0^+ 时，输出趋向于很大的负电压，而输出 V_{o1} 为 A_1 反相输入端电压，且为有限的负电压，所以 D_2 导通。D_2 导通后，运放 A_1 输出端电压 V_{o1} 为 $-V_i - V_{D2th}$，其中 V_{D2th} 为 D_2 导通时的电压降。可见，先前假设 D_2 导通是正确的。V_{o1} 经由 R_4，R_5，R_6，A_2 组成的放大倍数为 -2 放大器，即正半周期输入 V_i 经 A_1，A_2 组成的两级放大器放大，形成的输出为 V_{o12}［图 2.15.3（c）］，幅值为输入的两倍的正半周期正弦波。与此同时，输入

V_i 经 R_P（理论上其阻值应为 20 kΩ），R_6，R_5，A_2 组成的放大倍数为-1 的放大器放大，形成的输出为 V_{o2}，如图 2.15.3（d）所示。输入为正半周期时的输出 V_o 为 V_{o12} 与 V_{o2} 的线性叠加，如图 2.15.3（e）所示。显然，输出波形与输入波形是完全相同的。

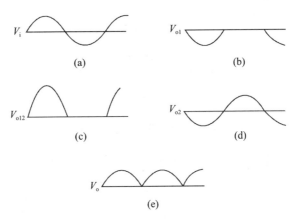

图 2.15.3　电路各点输出波形分析

在负半周期，V_i 为负，运放 A_1 的反相输入端电压为 0^-，输出趋向于很大的正电压，二极管 D_1 导通，这里先假设 D_2 截止，那么，运放 A_1 输出端开路。由于 A_1 的反相输入端电压为 0^-，A_2 反相输入端电压为 0，所以没有电流流过 R_3，V_{o1} 为 0，如图 2.15.3（b）所示。当运放 A_1 的反相输入端电压为 0^- 时，输出趋向于很大的正电压，而输出 V_{o1} 为 0，可见，先前假设 D_2 截止是正确的。V_{o1} 再经由 R_4，R_5，R_6，A_2 组成的放大器，输出 V_{o12} 仍为 0，如图 2.15.3（c）所示。与此同时，输入 V_i 经 R_P（理论上其阻值应为 20 kΩ），R_6，R_5，A_2 组成的放大倍数为-1 的放大器放大，形成的输出为 V_{o2}，如图 2.15.3（d）所示。输入为负半周期时的输出 V_o 为 V_{o12} 与 V_{o2} 的线性叠加，如图 2.15.3（e）所示。显然，输出波形与输入波形的幅值是完全相同的，但相位相反。

可见，在图 2.15.2 所示电路中，若运放为理想运放，$R_P = R_6 = 2R_1$，$R_1 = R_3 = R_4$，则输出是对输入的全波整流，如图 2.15.3（e）所示。由于实际元件数值并不等于标称值，所以实验电路中设置了电位器用于调整。

2.15.5　实验内容及步骤

1. 方波变三角波

实验电路如图 2.15.4 所示。

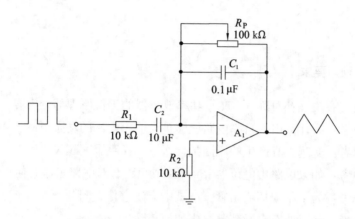

图 2.15.4　波形变换电路

① 按图接线，输入 $f=500\ \mathrm{Hz}$、幅值为 +4 V 的方波信号，用示波器观察并记录输出电压 V_o 的波形。

② 改变方波频率，观察波形变化。如波形失真应如何调整电路参数？试在实验箱元件参数允许范围内调整，并验证和分析。

③ 改变输入方波的幅度，观察输出三角波的变化情况。

2. 精密整流电路

① 取输入 V_i，有效值为 1 V，$f=500\ \mathrm{Hz}$ 的正弦波，调整 $R_\mathrm{P}=20\ \mathrm{k\Omega}$，观察输出波形 V_o，该波形应为全波整流波形，如图 2.15.3(e) 所示。如果波形不对称，应微调电位器 R_P。

② 调整输入信号的幅度和频率，看输出波形有何变化。

2.15.6　实验报告

① 整理全部预习要求的计算及实验步骤、电路图、表格等。

② 总结波形变换电路的特点。

2.16 互补对称功率放大器

2.16.1 预习要求

① 复习有关互补对称（OTL）功率放大器的工作原理部分内容。

② 思考：为什么引入自举电路能够扩大输出电压的动态范围？

③ 思考：交越失真产生的原因是什么？怎样克服交越失真？

④ 思考：如果电路中电位器 R_{W1} 开路或短路，对电路工作有何影响？

⑤ 思考：为了不损坏输出管，调试中应注意什么问题？

⑥ 思考：如电路有自激现象，应如何消除？

2.16.2 实验目的

① 进一步理解互补对称（OTL）功率放大器的工作原理。

② 学会互补对称（OTL）电路的调试及主要性能指标的测试方法。

2.16.3 实验器材

双踪示波器，直流电压表，直流毫安表，频率计，分立功放电路模块。

2.16.4 实验原理

互补对称（OTL）低频功率放大器的电路如图 2.16.1 所示。其中，晶体三极管 T_1 组成推动级（也称前置放大级），T_2，T_3 是一对参数对称的 NPN 和 PNP 型晶体三极管，它们组成互补推挽 OTL 功放电路。由于推挽两个管子都接成射极输出器形式，因此具有输出电阻低、负载能力强等优点，适合作功率输出级。T_1 管工作于甲类状态，它的集电极电流 I_{C1} 由电位器 R_{W1} 进行调节。I_{C1} 的一部分流经二极管 D_1，D_2，给 T_2，T_3 提供偏压，可以使 T_2，T_3 得到合适的静态电流而工作于甲、乙类状态，以克服交越失真。静态时要求输出端中点 A 的电位 $V_A = \dfrac{1}{2} V_{CC}$，可以通过调节 R_{W1} 来实现。又由于 R_{W1} 的一端接在 A 点，因此在电路中引入交、直流电压并联负反馈，一方面能够稳定放大器的静态工作点，另一方面也改善了非线性失真。

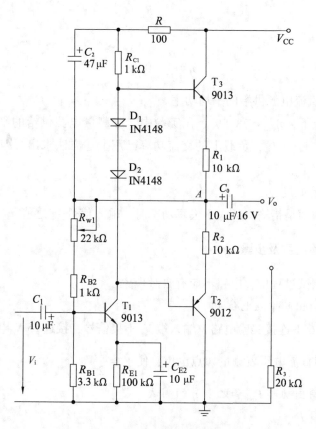

图 2.16.1　互补对称低频功率放大器

当输入正弦交流信号时，经 T_1 放大、倒相后同时作用于 T_2，T_3 的基极，V_i 的负半周使 T_3 管导通（T_2 管截止），有电流通过负载 R_L，在 V_i 的正半周，T_2 导通（T_3 截止），电流反方向通过负载 R_L，这样在 R_L 上就得到完整的正弦波。

C_2 和 R 构成自举电路，用于提高输出电压的幅度，以得到大的动态范围。

1. 最大不失真输出功率 P_{om}

理想情况下，

$$P_{om} = \frac{1}{8} \frac{V_{CC}^2}{R_L}$$

在实验中可通过测量 R_L 两端的电压有效值，来求得实际的 P_{om}，即

$$P_{om} = \frac{V_o^2}{R_L}$$

2. 效率 η

$$\eta = \frac{P_{om}}{P_E}100\%$$

式中，P_E 为直流电源供给的平均功率。

理想情况下，$\eta_{max} = 78.5\%$。在实验中，可测量电源供给的平均电流 I_{dc}，从而求得 $P_E = V_{CC} \cdot I_{dc}$，负载上的交流功率已用上述方法求出，因而也就可以计算实际效率了。

3. 输入灵敏度

输入灵敏度是指输出最大不失真功率时，输入信号 V_i 之值。

2.16.5 实验内容及步骤

在整个测试过程中，电路不应有自激现象。

1. 调节输出端中点电位 V_A

按图 2.16.1 连接实验电路，输入端 V_i 不接信号，接通+5 V 电源。调节电位器 R_{W1}，用直流电压表测量 A 点电位，使 $V_A = \frac{1}{2}V_{CC}$。

2. 最大输出功率 P_{om} 和效率 η 的测试

（1）测量 P_{om}

输入端接 $f = 1$ kHz 的正弦波信号，输出端用示波器观察输出电压的波形。由于本实验箱的信号源最小输出 50 mV 以上，信号较小时，相对噪声会较大，直接用该信号加到放大器输入端时，将会使放大器输出产生严重失真。为此，先将信号源经过一个 1/100 的分压器后再接本实验放大器的输入端，即将外加低频信号源输出的信号接入 4P18，4P19 与 4P1 相连。逐渐增大输入信号的幅度，使输出电压达到最大不失真输出，用交流毫伏表测出负载 R_L 上的电压 V_{om}（或用示波器测出幅值，然后换算成有效值），则

$$P_{om} = \frac{V_{om}^2}{R_L}$$

（2）测量 η

当输出电压为最大不失真输出时，在电源进线端串入直流毫安表，读出直

流毫安表中的电流值，此电流即为直流电源供给的平均电流 I_{dc}（有一定误差），由此可近似求得 $P_E = V_{CC}I_{dc}$，再根据上面测得的 P_{om}，即可求出

$$\eta = \frac{P_{om}}{P_E}$$

3. 输入灵敏度测试

根据输入灵敏度的定义，只要测出输出功率 $P_o = P_{om}$ 时的输入电压值 V_i 即可。

4. 频率响应测试

① 连接负载 R_L（20 Ω），将输入正弦波信号频率调到 1 kHz。在测试时，为保证电路的安全，应在较低电压下进行，通常取输入信号为输入灵敏度的 50%。在整个测试过程中，应保持 V_i 为恒定值，且输出波形不得失真。

② 保持输入信号不变，按表 2.16.1 改变频率，测出与频率对应的输出幅度 V_o，并填入表中。

③ 按照表格画出频率响应特性曲线。

表 2.16.1　测量记录

f/Hz	100	200	400	600	800	1 000	2 500	5 000	10 000	20 000	30 000
V_o/V											
A_V											

5. 研究自举电路的作用

① 测量有自举电路，且 $P_o = P_{omax}$ 时的电压增益 $A_V = \dfrac{V_{om}}{V_i}$。

② 将 C_2 开路，R 短路（无自举），再测量 $P_o = P_{omax}$ 的 A_V。

用示波器观察①、②两种情况下的输出电压波形，并将以上两项测量结果进行比较，分析研究自举电路的作用。

6. 噪声电压的测试

测量时将输入端短路，观察输出噪声波形，并用交流毫伏表测量输出电压，即为噪声电压 V_N。本电路中若 $V_N < 15$ mV，即满足要求。

7. 试听

输入信号改为音乐信号输出，输出端接喇叭及示波器。开机试听，并观察音乐信号的输出波形。

2.16.6 实验报告

① 整理实验数据，计算静态工作点、最大不失真输出功率 P_{om}、效率 η 等，与理论值进行比较并画出频率响应曲线。
② 分析自举电路的作用。
③ 讨论实验中发生的问题及解决办法。

2.17 整流滤波与并联稳压电路

2.17.1 预习要求

① 熟悉整流滤波与并联稳压电路原理及特点。
② 根据本章节实验电路原理，熟悉半波整流与电容滤波电路及并联稳压电路模型。

2.17.2 实验目的

① 熟悉半波、全波、桥式整流电路。
② 观察并了解电容滤波作用。
③ 了解并联稳压电路。

2.17.3 实验器材

示波器，数字万用表，整流滤波电路模块。

2.17.4 实验原理

整流电路是利用二极管的单向导电性，将平均值为零的交流电变换为平均值不为零的脉动直流电。

1. 半波整流

如图 2.17.1 所示电路为带有纯阻负载的单相半波整流电路。当变压器次级电压为正时，二极管正向导通，电流经过二极管流向负载，在负载上得到一个极性为上正下负的电压。而当次级电压为负的半个周期内，二极管反偏，电流基本上等于零。因此，在负载电阻两端得到的电压极性是单方向的。

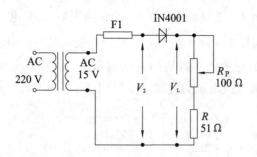

图 2.17.1　纯阻负载的单相半波整流电路

2. 桥式整流

如图 2.17.2 所示电路为桥式整流电路。整流过程中，四个二极管两两轮流导通，因此正、负半周内都有电流流过 R_L，从而使输出电压的直流成分提高，脉动系数降低。在 V_2 的正半周内，D_2，D_3 导通，D_1，D_4 截止，负半周时，D_1，D_4 导电，D_2，D_3 截止。但是无论在正半周或负半周，流过 R_L 的电流方向是一致的。

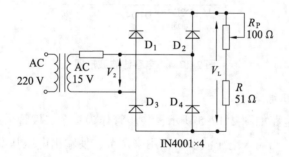

图 2.17.2　桥式整流电路

3. 电容滤波

在整流电路的输出端并联一个容量很大的电容器，就是电容滤波电路。加入滤波电容后，整流器的负载具有电容性质，电路的工作状态完全不同于纯电阻的情况。

图 2.17.3 中，接通电源后，当 V_2 为正半周时，D_2，D_3 导通，V_2 通过 D_2，D_3 向电容器 C 充电；V_2 为负半周时，D_1，D_4 导通，V_2 经 D_1，D_4 向电容

C 充电。充电过程中，电容两端电压 V_C 逐渐上升，使得 $V_C = \sqrt{2}\,V_2$。接入 R_L 后，电容 C 通过 R_L 放电，故电容两端的电压 V_C 缓慢下降。因此，电源 V_2 按正弦规律上升。当 $V_2 > V_C$ 时，二极管 D_2，D_3 受正向电压而导通，此时，V_2 经 D_2，D_3，一方面向 R_L 提供电流，另一方面向电容 C 充电。V_C 随 V_2 升高到 $\sqrt{2}\,V_2$，然后按正弦规律下降。当 $V_2 < V_C$ 时，二极管又受反向电压而截止，电容 C 再次经 R_C 放电，电容 C 如此周而复始地充放电，负载上便得到一滤波后的锯齿波电压 V_C，使负载电压的波动减少（图 2.17.4）。

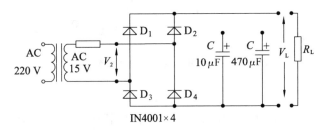

图 2.17.3　电容滤波电路

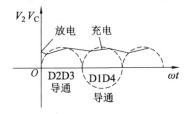

图 2.17.4　电容滤波波形图

4. 并联稳压电路

并联稳压电路如图 2.17.5 所示，稳压管作为一个二极管采用反向接法，R 作为限流电阻，当输入电压波动时，用来调节，使输出电压基本不变。

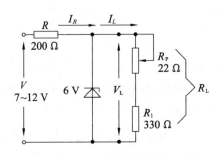

图 2.17.5　并联稳压电路

电路的稳压原理如下：

假设稳压电路的输入电压 V_i 保持不变，当负载电阻 R_L 减少，I_L 增大时，由于电流在电阻 R 上的压降升高，输出电压 V_L 将下降，而稳压管并联在输出端，由其伏安特性可见，当稳压管两端电压略有下降，流经它上面的电流将急剧减少，亦即由 I_Z 的减少来补偿 I_L 的增加，最终使 I_R 基本保持不变。上述过程可简明地表示为

$$R_L\downarrow\to I_L\uparrow\to I_R\uparrow\to V_o\downarrow\to I_Z\downarrow\to I_R\downarrow\to V_o\uparrow$$

假设负载电阻 R_L 保持不变，由于电网电压升高而使 V_i 升高时，输出电压 V_o 也将随之上升，但此时稳压管的电流 I_Z 急剧增加，则电阻 R 上的压降增大，以此来抵消 V_i 的升高，从而使输出电压保持不变。上述过程可简明地表示为

$$V_i\uparrow\to V_o\uparrow\to I_Z\uparrow\to I_R\uparrow\to V_R\uparrow\to V_o\downarrow$$

2.17.5 实验内容及步骤

1. 半波整流与电容滤波

实验电路如图 2.17.6 所示。

因为本实验箱的交流信号源幅度不够大，如果将该交流信号直接加到二极管 D 上进行整流，效果较差。为此，先将实验箱的交流信号源加到由集成块构成的放大电路上，然后再加到二极管上进行整流。"集成块放大"电路如图 2.17.6(b) 所示。

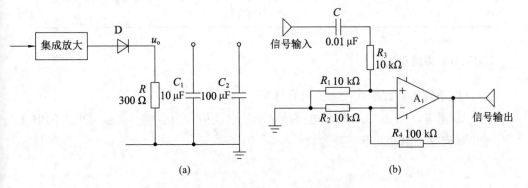

图 2.17.6 半波整流与电容滤波电路

① 按图 2.17.6(b) 连接好信号放大电路，将集成放大电路信号输出端与半波整流电路二极管相连。将外加低频信号源设置为 $f=1$ kHz，幅度峰-峰值 1 V 的正弦波加到信号输入端，用示波器测量整流输出端 u_0 的波形。

② 分别将 C_1，C_2 电容接入电路，用示波器观察 u_0 波形，示波器放直流挡位，可观察直流电压的大小。

2. 并联稳压电路

实验电路如图 2.17.5 所示。

① 电源输入电压不变（9 V），由外加可调直流电源（电源正）提供，测量负载变化时电路的稳压性能。

改变负载电阻 R_L 使负载电流 $I_L = 1$，5，10 mA，分别测量 V_L，V_R，I_L，I_R。

② 负载不变，设 $R_L = 1$ kΩ，测量电源电压变化时电路的稳压性能。

用可调直流电源的电压变化模拟 220 V 电源电压的变化，电路接入前可将电源调到 10 V，然后调到 8，9，11，12 V，按表 2.17.1 所示内容测量、填表，并计算稳压系数。

表 2.17.1　测量记录

V_i/V	V_L/V	I_R/mA	I_L/A
10			
8			
9			
11			
12			

2.17.6　实验报告

① 整理实验数据并按实验内容计算。

② 思考：图 2.17.5 所示电路能输出的电流最大为多少？为获得更大的电流应如何选用电路元器件及参数？

2.18　串联稳压与集成电路稳压

2.18.1　预习要求

① 估算图 2.18.1 所示电路中各三极管的静态工作电压。（设各管 $\beta = 100$，电位器 R_p 滑动端处于中间位置）

② 分析图 2.18.1 所示电路中电阻 R_2 和发光二极管 LED 的作用是什么。

③ 了解 XL6009 的功能及工作原理。

2.18.2　实验目的

① 研究稳压电源的主要特性，掌握串联稳压电路与集成电路稳压的工作原理。

② 学会稳压电源的调试及测量方法。

2.18.3　实验器材

直流电压表，直流毫安表，示波器，数字万用表，串联稳压电路与 XL6009 稳压模块。

2.18.4　实验原理

1. 串联稳压电路

如图 2.18.1 所示为串联稳压电路。它包括四个环节：调压环节、基准电压、比较放大器和取样电路。

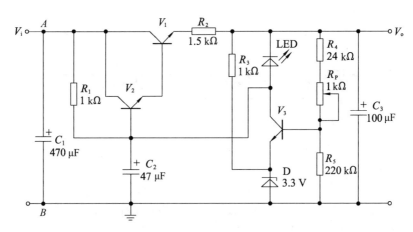

图 2.18.1　串联稳压电路

当电网或负载变动引起输出电压 V_o 变化时，取样电路取输出电压 V_o 的一部分送入比较放大器与基准电压进行比较，产生的误差电压经放大后去控制调整管的基极电流，自动地改变调整管的集-射极间电压，补偿 V_o 的变化，以维持输出电压基本不变。例如：当 V_o 上升时，经分压后 V_3 的基数电压上升，由于 V_3 发射极电压不变，就会使得 V_3 集电极电流上升，从而使 V_3 集电极电压下降，即 V_2 基极电压下降，导致 V_2、V_1 发射极电流减小，使得输出电压 V_o 减小，从而使输出电压基本不变。

稳压电源的主要指标如下：

（1）特性指标

① 输出电流 I_L（额定负载电流）。它的最大值取决于调整管最大允许功耗 P_{CM} 和最大允许电流 I_{CM}。要求

$$I_L(V_{imax}-V_{omin}) \leqslant P_{CM}, \quad I_L \leqslant I_{CM}$$

式中，V_{imax} 为输入电压最大可能值，V_{omin} 为输出电压最小可能值。

② 输出电压 V_o 和输出电压调节范围。在固定的基准电压条件下，改变取样电压比就可以调节输出电压。

（2）质量指标

① 稳压系数 S。

当负载和环境温度不变时，输出直流电压的相对变化量与输入直流电压的相对变化量之比定义为 S，即

$$S = \frac{\Delta V_o/V_o}{\Delta V_i/V_i}\bigg|_{\substack{\Delta I_L=0 \\ \Delta T=0}}$$

通常稳压电源的 S 约为 $10^{-4} \sim 10^{-2}$。

② 动态内阻 R_o。

假设输入直流电压 V_i 及环境温度不变，由于负载电流 I_L 变化 ΔI_L，引起输出直流电压 V_o 相应变化 ΔV_o，两者之比称为稳压器的动态内阻，即

$$R_o = \left. \frac{\Delta V_o}{\Delta I_L} \right| \begin{array}{l} \Delta I_L = 0 \\ \Delta T = 0 \end{array}$$

从上式可知，R_o 越小，则负载变化对输出直流电压的影响越小，一般稳压电路的 R_o 约为 $(10^{-2} \sim 10)$ Ω。

③ 输出纹波电压是指 50 Hz 和 100 Hz 的交流分量通常用有效值或峰-峰值来表示，即当输入电压 220 V 不变，在额定输出直流电压和额定输出电流的情况下测出的输出交流分量，经稳压作用可使整流滤波后的纹波电压大大降低，降低的倍数反比于稳压系数 S。

2. 集成电路稳压

如图 2.18.2 所示为 XL6009 集成电路构成的稳压电路。

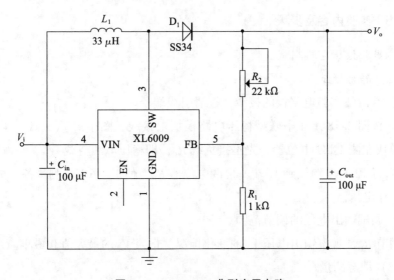

图 2.18.2　XL6009 典型应用电路

XL6009 是一个宽输入电压范围（5 V 至 32 V 输入电压范围）、大电流（可达 3 A 输出电流）、可升压（输出高于输入）的稳压器。

XL6009 引脚功能：

1 引脚（GND）：接地引脚。

2 引脚（EN）：使能引脚，EN 引脚为低电平时，关闭器件，稳压器不工作。EN 引脚为高电平时，稳压器工作。浮动（悬空）默认为高电平。

3 引脚（SW）：电源开关输出引脚。

4 引脚（VIN）：电源电压输入引脚。

5 引脚（FB）：反馈引脚，通过一个分压器网络，FB 监测输出电压并对其进行调节，该反馈阈值电压为 1.25 V。

当 XL6009 输入端（4 引脚）接上电源后，3 引脚输出的是方波信号，该信号作为开关，当引脚输出低电平时，D_1 截止，电感 L_1 作为储能元件储存电压，输出端电容与 R_1 和 R_2 组成一个回路放电，使输出电压下降。当 3 引脚输出高电平时，D_1 导通，电感 L_1 向输出电容两端充电，使输出电压升高。R_1 与 R_2 是 XL6009 内部电压放大器的负反馈电路，用于稳定输出电压。由电阻 R_2 和 R_1 控制电压放大倍数，其输出电压 V_o 由下式确定：

$$V_o = 1.25 \times \left(1 + \frac{R_2}{R_1}\right)$$

2.18.5 实验内容及步骤

1. 串联稳压电路测试

（1）静态测试

① 看清楚实验电路板的接线，查清引线端子。

② 按图 2.18.1 在串联型稳压电路模块上接线，图中 R_P（1 kΩ）电位器利用模块左侧 1 kΩ 电位器，先不接负载 R_L，即稳压电源空载。

③ 将 12 V 电源接到 V_i 端，再调电位器 R_P，使 $V_o = 6$ V。测量各三极管的静态工作电压。

④ 调试输出电压的调节范围。

调节 R_P，观察输出电压 V_o 的变化情况。记录 V_o 的最大值和最小值。

（2）动态测量

① 测量电源稳压特性，使稳压电源处于空载状态。将外加可调直流电源（电源+）接入 V_i 端调，调外加可调电源电压+9 V，调电位器 R_P 使稳压输出 $V_o = 6$ V。然后模拟电网电压波动±10%，即调整可调直流电源使稳压器的输入 V_i 为+9.9 V 或+8.1 V，测量相应的 ΔV_o，根据 $S = \dfrac{\Delta V_o / V_o}{\Delta V_i / V_i}$ 计算稳压系数。

② 测量稳压电源内阻。稳压电源的负载电流 I_L 由空载变化到额定值 $I_L =$ 100 mA 时，测量输出电压 V_o 的变化量即可求出电源内阻 $R_o = \left| \dfrac{\Delta V_o}{\Delta I_L} \right|$。测量过程中，使 $V_i = 12$ V 保持不变，输出端接一可调电位器，同时串接电流表，调整该电位器即可使负载电流 I_L 发生变化，然后调整为 $I_L = 100$ mA。

（3）输出保护

① 在电源输出端接上负载 R_L，同时串接电流表，并用电压表监视输出电压，逐渐减小 R_L 值，直到短路。短路时间应尽量短（不超过 5 s），以防元器件过热。注意 LED 发光二极管逐渐变亮，记录此时的电压、电流值。

② 逐渐加大 R_L 值，观察并记录输出电压、电流值。

2. XL6009 稳压电路测试

① 按图 2.18.2 在集成稳压电路模块上连接好电路。

② 将 +5 V 电压接入输入端，用三用表直流电压挡（量程应放大一些，防止电压过大烧坏电表）测量稳压器输出电压。调整电位器，使输出电压为 15 V。

③ 去掉输入电压，测量此时的 R_1 和 R_2，计算输出电压 $V_o = 1.25 \times \left(1 + \dfrac{R_2}{R_1} \right)$，与实际测量值相比较。

④ 保持电位器不变，将输入电压改接为 +12 V，用三用表测量输出电压，与输入电压为 +5 V 时进行比较。调整电位器，测出输出电压的变化范围。

2.18.6　实验报告

① 对串联稳压电路静态调试及动态测试进行总结。

② 计算串联稳压电路稳压电源内阻 $R_o = \Delta V_o / \Delta I_L$，以及稳压系数 S。

③ 试分析集成稳压电路中电位器的作用是什么，输出电压为什么不受输入电压的影响。

第 3 章

模拟电子技术应用设计实验

3.1 脉宽调制控制电路的基本原理

3.1.1 脉宽调制控制电路的控制原理

脉宽调制控制电路即 PWM（pulse width modulation）控制输出电路，除了可以监控功率电路的输出状态之外，还提供功率元件控制信号，因此被广泛应用在高功率转换效率的电源电路或电动机控制电路等。

PWM 电路基本原理依据：冲量相等而形状不同的窄脉冲加在具有惯性的环节上时，其效果相同。

PWM 控制原理：将波形 6 等分，可由 6 个方波等效替代。

脉宽调制的分类方法有多种，如单极性与双极性，同步式与异步式，矩形波脉宽调制与正弦波脉宽调制等。单极性 PWM 控制法指在半个周期内载波只在一个方向变换，所得 PWM 波形也只在一个方向变化；而双极性 PWM 控制法在半个周期内载波在两个方向变化，所得 PWM 波形也两个方向变化。根据载波信号与调制信号是否保持同步，PWM 控制可分为同步调制和异步调制。矩形波脉宽调制的特点是输出脉宽列是等宽的，只能控制一定次数的谐波；正弦波脉宽调制的特点是输出脉宽列是不等宽的，宽度按正弦规律变化，输出波形接近正弦波。正弦波脉宽调制也叫 SPWM。根据控制信号产生脉宽是该技术的关键。目前常用三角波比较法、滞环比较法和空间电压矢量法。

3.1.2 脉宽调制控制电路的作用

PWM 电路主要功能是将输入电压的振幅转换成宽度一定的脉冲，换句话说，它是将振幅资料转换成脉冲宽度。一般转换输出电路只能输出电压振幅一定的信号，为了输出类似正弦波的电压振幅变化的信号，必须将电压振幅转换成脉冲信号。

高功率电路分别由 PWM 电路、门驱动电路、转换输出电路构成，其中 PWM 电路主要功能是使三角波的振幅与指令信号进行比较，同时输出可以驱动功率场效应管的控制信号，并通过该控制信号控制功率电路的输出电压。

3.1.3 脉宽调制控制电路的特点

PWM 电路的特点是频率高、效率高、功率密度高、可靠性高。然而，由于开关器件工作在高频通断状态，高频的快速瞬变过程本身就是电磁骚扰源。它产生的 EMI 信号有很宽的频率范围，又有一定的幅度。若把这种电源直接用于数字设备，则设备产生的 EMI 信号会变得更加强烈和复杂。

3.2 脉宽调制控制电路的设计

电路设计原理框图如图 3.2.1 所示。

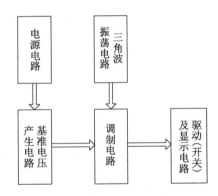

图 3.2.1 电路设计原理框图

各电路模块电压及信号变化预期如下：

首先，电源电路由变压器降压电路、交直流转换电路、整流电路及稳压电路组成。

其次，电源为各电路模块供电。基准电压产生电路产生阈值电压（可调），三角波振荡电路由滞回比较器及积分运算电路组成，比较器比较阈值电压与三角波电压信号通过电压比较器电路进行比较，最终输出可变脉宽矩形波，开关电路由三极管构成的驱动电路组成，主要工作为驱动 LED 灯点亮。

最终实现，阈值电压产生输出至调制电路中运放的正极，三角波振荡电路产生的三角波输出至运放的负极，两路信号进行比较产生可调脉宽的矩形波，驱动电路由矩形波驱动使 LED 的亮度随着电位器的变化而变化。

3.2.1　元器件的选择

1. 电源电路

电源电路由桥堆 2W10 构成整流桥电路模块实现 ~15 V 转换出 ±21 V 直流电，由 L7812CV、L7912CV 组成稳压电路模块，最终实现 ±21 V 稳压至 ±12 V 直流电。

桥堆 2W10 的结构（AC 输入为 ~15 V）如图 3.2.2 所示。

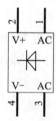

图 3.2.2　桥堆原理图符号

$$V_+ = \sqrt{2}\,U_{rms} = \sqrt{2} \times 15 \text{ V} \approx +21 \text{ V}$$

$$V_- = -\sqrt{2}\,U_{rms} = -\sqrt{2} \times 15 \text{ V} \approx -21 \text{ V}$$

L7812CV、L7912CV 引脚图及符号分别如图 3.2.3、图 3.2.4 所示。

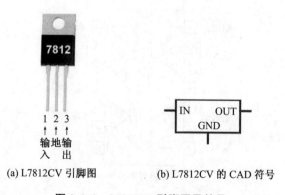

(a) L7812CV 引脚图　　　　　(b) L7812CV 的 CAD 符号

图 3.2.3　L7812CV 引脚图及符号

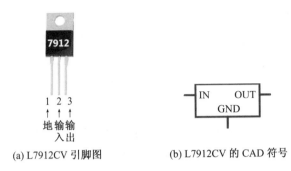

(a) L7912CV 引脚图　　　　　(b) L7912CV 的 CAD 符号

图 3.2.4　L7912CV 引脚图及符号

2. 阈值电压产生电路、三角波振荡电路及调制电路

阈值电压产生电路为 LM324 组成的电压跟随器，三角波振荡电路是由 LM324 组成的积分器电路，调制电路为 LM324 组成的电压比较器。

LM324 为四运放集成电路，采用 14 脚双列直插塑料封装（图 3.2.5），内部有四组运算放大器，以及相位补偿电路，电路功耗很小。它有 5 个引出脚，其中"+""-"分别为两个信号输入端，"V_+""V_-"分别为正、负电源端，"V_o"为输出端。两个信号输入端中，V_{i-}（-）为反相输入端，表示运放输出端 V_o 的信号与该输入端的相位相反；V_{i+}（+）为同相输入端，表示运放输出端 V_o 的信号与该输入端的相位相同。LM324 工作电压范围宽，可用正电源 3~30 V，或正负双电源±1.5~±15 V 工作。它的输入电压可低到地电位，而输出电压范围为 0~V_{CC}。

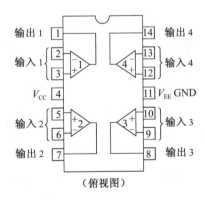

（俯视图）

图 3.2.5　LM324 引脚图

3.2.2　整体电路图

脉宽调制控制电路整体电路图如图 3.2.6 所示。

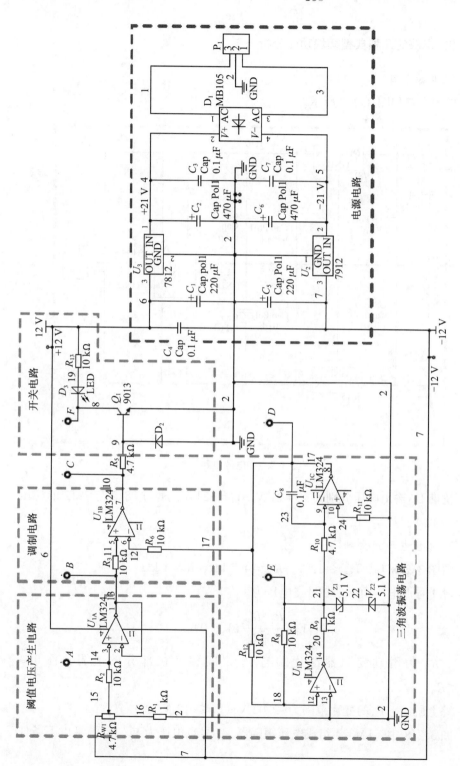

图 3.2.6　脉宽调制控制电路整体电路图

3.2.3　电路的几种典型模块功能分析

1. 电源电路

电源电路如图 3.2.7 所示。

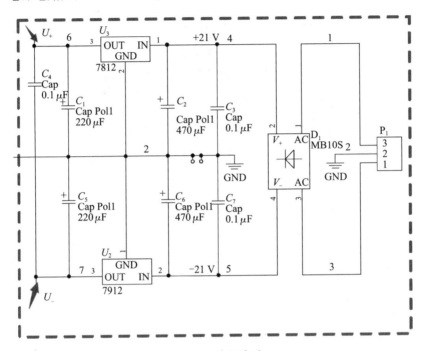

图 3.2.7　电源电路

桥堆 D_1 输出电压分别为 $V_+ = 21$ V，$V_- = -21$ V，通过 7812 与 7912 的稳压后 $U_+ = 12$ V，$U_- = -12$ V。

2. 阈值电压产生电路

由图 3.2.8 知，$V_{SS} = -12$ V，$R_{W1} = 4.7$ kΩ，$R_1 = 1$ kΩ。

设 1 号点电压为 V_1，2 号点电压为 V_2。

$$V_1 = \frac{R_1 + R'_{W1}}{R_1 + R_{W1}}(V_{SS} - 0)$$

式中，R'_{W1} 为滑动变阻器滑片端与 R_1 之间相连接部分的电阻，且 $0 \leqslant R'_{W1} \leqslant R_{W1}$。

综上所述，V_1 的变化范围为 -2.02 V $\leqslant V_1 \leqslant -12$ V。

图 3.2.8 中，LM324 组成电压跟随器，2 号点电压为 V_2，且满足以下条件

及结果：

$$V_1 = V_A(A\ 点电压)$$

$$= V_+(\text{LM324}+端口电压) = V_-(\text{LM324}-端口电压)$$

$$= V_2$$

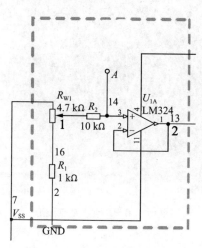

图 3.2.8　阈值电压产生电路

3. 三角波振荡电路

三角波振荡电路由迟滞回路比较器和积分器组成，如图 3.2.9 所示。

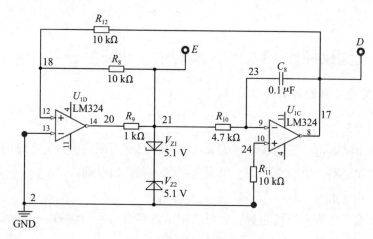

图 3.2.9　三角波振荡电路

由 U_{1D} 运放模块组成的是同相迟滞比较器，输出信号为方波，峰值为 5.1 V。

由 U_{1C} 运放模块组成的是积分器，输出信号为三角波，峰值为 5.1 V。
CH1 采集的 E 点波形和 CH2 采集的 D 点波形如图 3.2.10 所示。

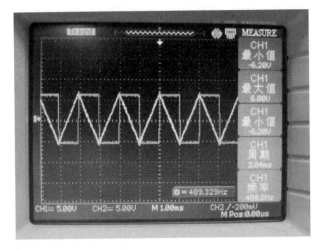

图 3.2.10　D 点、E 点波形

3.3　脉宽调制控制电路的线路排故训练

脉宽调制控制电路（含故障点）如图 3.3.1 所示。

3.3.1　排除故障的方法

（1）电阻法

被测电路断电，万用表设置为 $R×200\ \Omega$，只有万用表读数为 $0\ \Omega$ 时，说明被测点之间短路。可以交换红、黑表笔再测一次，加以确认。

（2）电位测量

可以用万用表直流挡测量，也可以用示波器直接测量读数。（建议用示波器测量电压平均值）

根据工程实践应用标准，建议排除故障采用方法（2）。

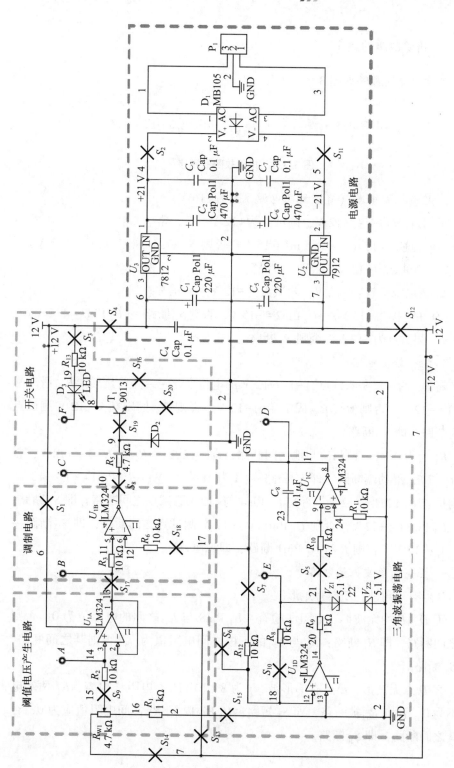

图 3.3.1　脉宽调制控制电路（含故障点）

3.3.2 排除故障的顺序

排除故障的顺序如图 3.3.2 所示。

$$\text{电源电路} \rightarrow \begin{cases} \text{给定电路} \\ \text{三角波振荡电路} \end{cases} \rightarrow \text{调制电路} \rightarrow \text{放大电路}$$

图 3.3.2 排除故障的顺序

1. 检查电源电路（直流稳压电源设置为 ±16 V）

① 正电源检查：+12 V，测试点为 +12 V——正常。

（D_1 的 +极 = 15 V）→ U_3 Pin1 = 15 V，否则 S_2 断路→（U_3 Pin3 = +12 V）→ +12 V，测试点为 +12 V，否则 S_4 断路。

② 负电源检查：-12 V，测试点为 -12 V——正常。

（D_1 的 -极为 -15 V）→ U_2 Pin2 = -15 V，否则 S_{11} 断路→（U_2 Pin3 = -12 V）→ -12 V，测试点为 -12 V，否则 S_{12} 断路。

2. 检查给定电路

随 R_{W1} 调整，B 测试点有 -1～-12 V 的电位变化——正常旋转。R_{W1} 滑动端为 -1～-12 V，否则检查 R_{W1} 固定端为 -12 V，否则 R_{W1} 固定端与 -12 V 测试点之间断路，即 S_{14} 断路。

R_1 上为 0 V，否则 R_1 与地之间断路，即 S_{15} 断路→R_2 上为 -1～-12 V，否则 R_2 与 R_{W1} 滑动端断路，即 S_9 断路→（A 为 -1～-12 V）→U_1 Pin1 = -1～-12 V，否则检查 U_1 Pin4 = +12 V，否则 U_1 Pin4 与 +12 V 测试点之间断路，即 S_1 断路。

U_1 Pin11 = -12 V，否则 U_1 Pin11 与 -12 V 测试点之间断路，即 S_{13} 断路→B = -1～-12 V，否则 B 与 U_1 Pin1 断路，即 S_{17} 断路。

3. 检查三角波振荡电路

D 点有三角波，E 点有矩形波。

① D，E 均无波形。电阻法检查：U_1 Pin8 与 R_{12} 之间的电阻值为 0，否则其之间断路，即 S_7 断路；R_8 与 V_{Z1} 的正极之间电阻值为 0，否则其之间断路，即 S_5 断路。

② D 点无波形，E 点有梯形波，f 为 8～10 kHz。电阻法检查：R_{12} 两端电阻不为 0，否则 R_{12} 被断路，即 S_6 短路；U_1 Pin12 到 R_8 之间电阻值应为 0，否则其之间断路，即 S_{10} 断路。

4. 检查调制电路

随 R_{W1} 调整，C 点有脉宽可变的矩形波。

① 检查 R_6 上有三角波，否则 D 与 R_6 之间断路，即 S_{18} 断路→检查 C_8 的管脚上有脉宽。

② 检测 C 点有可变方波，否则 U_1 Pin7 与 C 点断路，即 S_8 断路。

5. 检查放大电路

LED 亮度及 F 点矩形的脉宽，随 R_{W1} 的调整而变化。

检查 T_1：b 极 $=C$ 点（R_5 上）波形，且 $V_{\mathrm{PP}}=1.4$ V，否则 R_5 与 T_1 的基极断路，即 S_{19} 断路。若 $V_{\mathrm{PP}}>1.4$ V，检查 T_1，e 极，应无波形，且电压为 0 V，否则 T_1，e 极与地之间断路，即 S_{20} 断路→检查 F 点不为 0 V，若 LED 常亮，则 T_1，c 极对地短路，即 S_{16} 短路；若 LED 不亮，检查 $R_{13}=+12$ V，否则 R_{13} 与 +12 V 测试点之间断路，即 S_3 断路。

3.3.3　各故障点测量方法与故障现象

故障现象对照表见表 3.3.1。

表 3.3.1　故障现象对照表

序号	故障点	测量内容	故障现象
1	S_1	测量公共电源端+12 V 与 LM324 的 4 号引脚	电压大小不一致
2	S_2	测量桥堆的 $\mathrm{V_+}$ 端与 7812 的 1 号引脚	电压大小不一致
3	S_3	测量 R_{13} 引脚上的电压	引脚上无+12 V 大小的电压
4	S_4	测量 7812 的 3 号引脚上的电压与公共端 +12 V 上的电压	电压大小不一致
5	S_5	测量 V_{Z1} 上的电压与 R_{10} 上的电压	电压大小不一致
6	S_6	测量 R_{12} 两端电压	电压大小一致
7	S_7	测量 D 点电压与 R_{12} 两端电压	电压大小不一致
8	S_8	测量 LM324 的 7 号引脚电压与 C 点电压	电压大小不一致
9	S_9	测量 R_{W1} 滑片端电压与 R_2 两端电压	电压大小不一致
10	S_{10}	测量 LM324 的 12 号引脚电压与 R_8 两端电压	电压大小不一致
11	S_{11}	测量桥堆的 $\mathrm{V_-}$ 端口上的电压与 7912 的 2 号引脚上的电压	电压大小不一致

续表

序号	故障点	测量内容	故障现象
12	S_{12}	测量 7912 的 3 号引脚上的电压与公共端 -12 V 上的电压	电压大小不一致
13	S_{13}	测量公共电源端 -12 V 与 LM324 的 11 号引脚	电压大小不一致
14	S_{14}	测量 R_{W1} 和 R_1 的各个引脚上的电压	电压大小均一致
15	S_{15}	测量 R_{W1} 和 R_1 的各个引脚上的电压	电压大小均为 -12 V
16	S_{16}	测量 9013 的集电极电压	电压为 0 V
17	S_{17}	测量 LM324 的 1 号引脚与 B 点电压	电压大小不一致
18	S_{18}	测量 D 点波形与 LM324 的 6 号引脚上的波形	波形不一致
19	S_{19}	测量 D_2 电压与 9013 的基极上的电压	电压大小不一致
20	S_{20}	测量 9013 的发射极上的电压	电压不为 0 V

3.3.4　参考参数及波形

三角波频率设为 464.7 Hz，三角波幅值设为 $13.4V_{PP}$。给定电压为 -8 V 的情形下，三角波（D 点）、矩形波（E 点）、调制波（F 点）波形图如图 3.3.3 所示。图中 U_F 虚线为给定电压等于 -3 V 时的波形图。

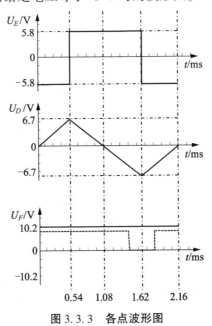

图 3.3.3　各点波形图

第 **4** 章

Multisim 软件使用基础

4.1　Multisim 软件简介

Multisim 是一款专门用于电子线路仿真和设计的软件，目前在电路分析、仿真与设计应用中比较流行。

Multisim 软件是一个完整的设计工具系统，提供了一个非常丰富的元件数据库、原理图输入接口，具有全部的数模 SNCE 仿真功能、VHDL/Verilog 语言编辑功能、FPGA/CPLD 综合开发功能、电路设计能力和后处理功能，还可进行从原理图到 PCB 布线的无缝隙数据传输。

Multisim 软件最突出的特点之一是用户界面友好，尤其是多种可放置到设计电路上的虚拟仪表很有特色。这些虚拟仪表主要包括示波器、万用表、功率表、信号发生器、波特图图示仪、失真度分析仪、频谱分析仪、逻辑分析仪和网络分析仪等，从而使电路的仿真分析操作更符合电子工程技术人员的工作习惯。

4.2　Multisim 软件界面

① 启动操作。启动 Multisim 10 以后，出现如图 4.2.1 所示界面。

② Multisim 10 打开后的主界面如图 4.2.2 所示，其主要由菜单栏、工具栏、缩放栏、设计栏、仿真栏、工程栏、元件栏、仪器栏、电路绘制窗口等部分组成。

③ 执行"文件"→"新建"→"原理图"命令，将弹出主设计窗口。

图 4.2.1 Multisim 软件启动界面

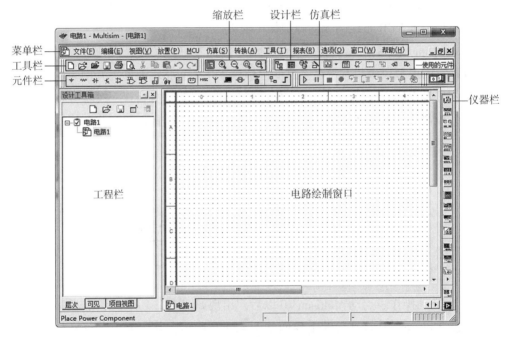

图 4.2.2 Multisim 软件主界面

4.3　Multisim 软件常用元件库

Multisim 10 的元件栏如图 4.3.1 所示。

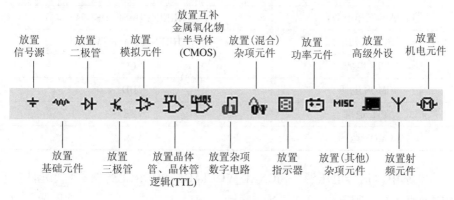

放置信号源　放置二极管　放置模拟元件　放置互补金属氧化物半导体(CMOS)　放置(混合)杂项元件　放置功率元件　放置高级外设　放置机电元件

放置基础元件　放置三极管　放置晶体管、晶体管逻辑(TTL)　放置杂项数字电路　放置指示器　放置(其他)杂项元件　放置射频元件

图 4.3.1　Multisim 10 的元件栏

1. 放置信号源

单击"放置信号源"按钮，弹出对话框的"系列"栏内容如表 4.3.1 所示。

表 4.3.1　放置信号源按钮"系列"栏内容

器件	对应名称
电源	POWER_SOURCES
信号电压源	SIGNAL_VOLTAGE_SOURCES
信号电流源	SIGNAL_CURRENT_SOURCES
控制函数器件	CONTROL_FUNCTION_BLOCKS
电压控源	CONTROLLED_VOLTAGE_SOURCES
电流控源	CONTROLLED_CURRENT_SOURCES

① 选中"电源（POWER_SOURCES）"，其"元件"栏内容如表 4.3.2 所示。

表 4.3.2　电源"元件"栏内容

器件	对应名称
交流电源	AC_POWER
直流电源	DC_POWER
数字地	DGND
地线	GROUND
非理想电源	NON_IDEAL_BATTERY
星形三相电源	THREE_PHASE_DELTA
三角形三相电源	THREE_PHASE_WYE
TTL 电源	VCC
CMOS 电源	VDD
TTL 地端	VEE
CMOS 地端	VSS

② 选中"信号电压源（SIGNAL_VOLTAGE_SOURCES）"，其"元件"栏内容如表 4.3.3 所示。

表 4.3.3　信号电压源"元件"栏内容

器件	对应名称
交流信号电压源	AC_VOLTAGE
调幅信号电压源	AM_VOLTAGE
时钟信号电压源	CLOCK_VOLTAGE
指数信号电压源	EXPONENTIAL_VOLTAGE
调频信号电压源	FM_VOLTAGE
线性信号电压源	PIECEWISE_LINEAR_VOLTAGE
脉冲信号电压源	PULSE_VOLTAGE
噪声信号电压源	WHITE_VOLTAGE

③ 选中"信号电流源（SIGNAL_CURRENT_SOURCES）"，其"元件"栏内容如表 4.3.4 所示。

表 4.3.4　信号电流源"元件"栏内容

器件	对应名称
交流信号电流源	AC_CURRENT
调幅信号电流源	AM_CURRENT
时钟信号电流源	CLOCK_CURRENT
指数信号电流源	EXPONENTIAL_CURRENT
调频信号电流源	FM_CURRENT
线性信号电流源	PIECEWISE_LINEAR_CURRENT
脉冲信号电流源	PULSE_CURRENT
噪声信号电流源	WHITE_CURRENT

④ 选中"控制函数器件（CONTROL_FUNCTION_BLOCKS）"，其"元件"栏内容如表 4.3.5 所示。

表 4.3.5　控制函数器件"元件"栏内容

器件	对应名称
限流器	CURRENT_LIMITER_BLOCK
除法器	DIVIDE
乘法器	MULTIPLIER
非线性函数控制器	NONLINEAR_DEPENDENT
多项电压控制器	POLYNOMIAL_VOLTAGE
转移函数控制器	TRANSFER_FUNCTION_BLOCK
限制电压控制器	VOLTAGE_CONTROLLED_LIMITER
微分函数控制器	VOLTAGE_DIFFERENTIATOR
增压函数控制器	VOLTAGE_GAIN_BLOCK
滞回电压控制器	VOLTAGE_HYSTERISIS_BLOCK
积分函数控制器	VOLTAGE_INTEGRATOR
限幅器	VOLTAGE_LIMITER
信号响应速率控制器	VOLTAGE_SLEW_RATE_BLOCK
加法器	VOLTAGE_SUMMER

⑤ 选中"电压控源（CONTROLLED_VOLTAGE_SOURCES）"，其"元件"栏内容如表4.3.6所示。

表4.3.6　电压控源"元件"栏内容

器件	对应名称
单脉冲控制器	CONTROLLED_ONE_SHOT
电流控压器	CURRENT_CONTROLLED_VOLTAGE_SOURCE
键控电压器	FSK_VOLTAGE
电压控线性源	VOLTAGE_CONTROLLED_PIECEWISE_LINEAR_SOURCE
电压控正弦波	VOLTAGE_CONTROLLED_SINE_WAVE
电压控方波	VOLTAGE_CONTROLLED_SQUARE_WAVE
电压控三角波	VOLTAGE_CONTROLLED_TRIANGLE_WAVE
电压控电压器	VOLTAGE_CONTROLLED_VOLTAGE_SOURCE

⑥ 选中"电流控源（CONTROLLED_CURRENT_SOURCES）"，其"元件"栏内容如表4.3.7所示。

表4.3.7　电流控源"元件"栏内容

器件	对应名称
电流控电流源	CURRENT_CONTROLLED_CURRENT_SOURCE
电压控电流源	VOLTAGE_CONTROLLED_CURRENT_SOURCE

2. 放置基础元件

单击"放置基础元件"按钮，弹出对话框的"系列"栏内容如表4.3.8所示。

表4.3.8　放置基础元件"系列"栏

器件	对应名称
基本虚拟元件	BASIC_VIRTUAL
额定虚拟元件	RATED_VIRTUAL
三维虚拟元件	3D_VIRTUAL
电阻器	RESISTOR
贴片电阻器	RESISTOR_SMT

续表

器件	对应名称
电阻器组件	RPACK
电位器	POTENTIOMETER
电容器	CAPACITOR
电解电容器	CAP_ELECTROLIT
贴片电容器	CAPACITOR_SMT
贴片电解电容器	CAP_ELECTROLIT_SMT
可变电容器	VARIABLE_CAPACITOR
电感器	INDUCTOR
贴片电感器	INDUCTOR_SMT
可变电感器	VARIABLE_INDUCTOR
开关	SWITCH
变压器	TRANSFORMER
非线性变压器	NON_LINEAR_TRANSFORMER
Z 负载	Z_LOAD
继电器	RELAY
连接器	CONNECTORS
插座、管座	SOCKETS

① 选中"基本虚拟元件（BASIC_VIRTUAL）"，其"元件"栏内容如表 4.3.9 所示。

表 4.3.9　基本虚拟元件"元件"栏内容

器件	对应名称
虚拟交流 120 V 常闭继电器	120V_AC_NC_RELAY_VIRTUAL
虚拟交流 120 V 常开继电器	120V_AC_NO_RELAY_VIRTUAL
虚拟交流 120 V 双触点继电器	120V_AC_NONC_RELAY_VIRTUAL
虚拟交流 12 V 常闭继电器	12V_AC_NC_RELAY_VIRTUAL
虚拟交流 12 V 常开继电器	12V_AC_NO_RELAY_VIRTUAL
虚拟交流 12 V 双触点继电器	12V_AC_NONC_RELAY_VIRTUAL

续表

器件	对应名称
虚拟电容器	CAPACITOR_VIRTUAL
虚拟无磁芯绕阻磁动势控制器	CORELESS_COIL_VIRTUAL
虚拟电感器	INDUCTOR_VIRTUAL
虚拟有磁芯电感器	MAGNETIC_CORE_VIRTUAL
虚拟无磁芯耦合电感器	NLT_VIRTUAL
虚拟电位器	POTENTIOMETER_VIRTUAL
虚拟直流常开继电器	RELAY1A_VIRTUAL
虚拟直流常闭继电器	RELAY1B_VIRTUAL
虚拟直流双触点继电器	RELAY1C_VIRTUAL
虚拟电阻器	RESISTOR_VIRTUAL
虚拟半导体电容器	SEMICONDUCTOR_CAPACITOR_VIRTUAL
虚拟半导体电阻器	SEMICONDUCTOR_RESISTOR_VIRTUAL
虚拟带铁芯变压器	TS_VIRTUAL
虚拟可变电容器	VARIABLE_CAPACITOR_VIRTUAL
虚拟可变电感器	VARIABLE_INDUCTOR_VIRTUAL
虚拟可变下拉电阻器	VARIABLE_PULLUP_VIRTUAL
虚拟电压控制电阻器	VOLTAGE_CONTROLLED_RESISTOR_VIRTUAL

② 选中"额定虚拟元件（RATED_VIRTUAL）"，其"元件"栏内容如表4.3.10所示。

表 4.3.10　额定虚拟元件"元件"栏内容

器件	对应名称
额定虚拟三五时基电路	555_TIMER_RATED
额定虚拟 NPN 晶体管	BJT_NPN_RATED
额定虚拟 PNP 晶体管	BJT_PNP_RATED
额定虚拟电解电容器	CAPACITOR_POL_RATED
额定虚拟电容器	CAPACITOR_RATED
额定虚拟二极管	DIODE_RATED

续表

器件	对应名称
额定虚拟熔丝管	FUSE_RATED
额定虚拟电感器	INDUCTOR_RATED
额定虚拟蓝色发光二极管	LED_BLUE_RATED
额定虚拟绿色发光二极管	LED_GREEN_RATED
额定虚拟红色发光二极管	LED_RED_RATED
额定虚拟黄色发光二极管	LED_YELLOW_RATED
额定虚拟电动机	MOTOR_RATED
额定虚拟直流常闭继电器	NC_RELAY_RATED
额定虚拟直流常开继电器	NO_RELAY_RATED
额定虚拟直流双触点继电器	NONC_RELAY_RATED
额定虚拟运算放大器	OPAMP_RATED
额定虚拟普通发光二极管	PHOTO_DIODE_RATED
额定虚拟光电管	PHOTO_TRANSISTOR_RATED
额定虚拟电位器	POTENTIOMETER_RATED
额定虚拟下拉电阻	PULLUP_RATED
额定虚拟电阻	RESISTOR_RATED
额定虚拟带铁芯变压器	TRANSFORMER_CT_RATED
额定虚拟无铁芯变压器	TRANSFORMER_RATED
额定虚拟可变电容器	VARIABLE_CAPACITOR_RATED
额定虚拟可变电感器	VARIABLE_INDUCTOR_RATED

③ 选中"三维虚拟元件(3D_VIRTUAL)",其"元件"栏内容如表 4.3.11 所示。

表 4.3.11   三维虚拟元件"元件"栏内容

器件	对应名称
三维虚拟 555 电路	555TIMER_3D_VIRTUAL
三维虚拟 PNP 晶体管	BJT_PNP_3D_VIRTUAL
三维虚拟 NPN 晶体管	BJT_NPN_3D_VIRTUAL

续表

器件	对应名称
三维虚拟 100 μF 电容器	CAPACITOR_100 μF_3D_VIRTUAL
三维虚拟 10 μF 电容器	CAPACITOR_10 μF_3D_VIRTUAL
三维虚拟 100 pF 电容器	CAPACITOR_100pF_3D_VIRTUAL
三维虚拟同步十进制计数器	COUNTER_74LS160N_3D_VIRTUAL
三维虚拟二极管	DIODE_3D_VIRTUAL
三维虚拟竖直 1.0 μH 电感器	INDUCTOR1_1.0 μH_3D_VIRTUAL
三维虚拟横卧 1.0 μH 电感器	INDUCTOR2_1.0 μH_3D_VIRTUAL
三维虚拟红色发光二极管	LED1_RED_3D_VIRTUAL
三维虚拟黄色发光二极管	LED2_YELLOW_3D_VIRTUAL
三维虚拟绿色发光二极管	LED3_GREEN_3D_VIRTUAL
三维虚拟场效应管	MOSFET1_3TEN_3D_VIRTUAL
三维虚拟电动机	MOTOR_DC1_3D_VIRTUAL
三维虚拟运算放大器	OPAMP_741_3D_VIRTUAL
三维虚拟 5 k 电位器	POTENTIOMETER1_5K_3D_VIRTUAL
三维虚拟 4-2 与非门	QUAD_AND_GATE_3D_VIRTUAL
三维虚拟 1.0 k 电阻	RESISTOR1_1.0K_3D_VIRTUAL
三维虚拟 4.7 k 电阻	RESISTOR2_4.7K_3D_VIRTUAL
三维虚拟 680 电阻	RESISTOR3_680_3D_VIRTUAL
三维虚拟 8 位移位寄存器	SHIFT_REGISTER_74LS165N_3D_VIRTUAL
三维虚拟推拉开关	SWITCH1_3D_VIRTUAL

④ 选中"电阻器（RESISTOR）"，其"元件"栏中有从 1.0 Ω 到 22 MΩ 全系列电阻可供调用。

⑤ 选中"贴片电阻器（RESISTOR_SMT）"，其"元件"栏中有从 0.05 Ω 到 20.00 MΩ 系列电阻可供调用。

⑥ 选中"电阻器组件（RPACK）"，其"元件"栏中有 7 种电阻可供调用。

⑦ 选中"电位器（POTENTIOMETER）"，其"元件"栏中有 18 种阻值电位器可供调用。

⑧ 选中"电容器（CAPACITOR）"，其"元件"栏中有从 1.0 pF 到 10 μF 系列电容器可供调用。

⑨ 选中"电解电容器（CAP_ELECTROLIT）"，其"元件"栏中有从 0.1 μF 到 10 F 系列电解电容器可供调用。

⑩ 选中"贴片电容器（CAPACITOR_SMT）"，其"元件"栏中有从 0.5 pF 到 33 nF 系列电容器可供调用。

⑪ 选中"贴片电解电容器（CAP_ELECTROLIT_SMT）"，其"元件"栏中有 17 种贴片电解电容器可供调用。

⑫ 选中"可变电容器（VARIABLE_CAPACITOR）"，其"元件"栏中仅有 30 pF、100 pF 和 350 pF 3 种可变电容器可供调用。

⑬ 选中"电感器（INDUCTOR）"，其"元件"栏中有从 1.0 μH 到 9.1 H 全系列电感器可供调用。

⑭ 选中"贴片电感器（INDUCTOR_SMT）"，其"元件"栏中有 23 种贴片电感器可供调用。

⑮ 选中"可变电感器（VARIABLE_INDUCTOR）"，其"元件"栏中仅有 3 种可变电感器可供调用。

⑯ 选中"开关（SWITCH）"，其"元件"栏内容如表 4.3.12 所示。

表 4.3.12　开关"元件"栏内容

器件	对应名称
电流控制开关	CURRENT_CONTROLLED_SWITCH
双列直插式开关 1	DIPSW1
双列直插式开关 10	DIPSW10
双列直插式开关 2	DIPSW2
双列直插式开关 3	DIPSW3
双列直插式开关 4	DIPSW4
双列直插式开关 5	DIPSW5
双列直插式开关 6	DIPSW6
双列直插式开关 7	DIPSW7
双列直插式开关 8	DIPSW8
双列直插式开关 9	DIPSW9

续表

器件	对应名称
按钮开关	PB_DPST
单刀单掷开关	SPDT
单刀双掷开关	SPST
时间延时开关	TD_SW1
电压控制开关	VOLTAGE_CONTROLLED_SWITCH

⑰ 选中"变压器（TRANSFORMER）"，其"元件"栏中有 20 种变压器可供调用。

⑱ 选中"非线性变压器（NON_LINEAR_TRANSFORMER）"，其"元件"栏中有 10 种非线性变压器可供调用。

⑲ 选中"Z 负载（Z_LOAD）"，其"元件"栏中有 10 种负载阻抗可供调用。

⑳ 选中"继电器（RELAY）"，其"元件"栏中有 96 种直流继电器可供调用。

㉑ 选中"连接器（CONNECTORS）"，其"元件"栏中有 130 种连接器可供调用。

㉒ 选中"插座、管座（SOCKETS）"，其"元件"栏中有 12 种插座可供调用。

3. 放置二极管

单击"放置二极管"按钮，弹出对话框的"系列"栏内容如表 4.3.13 所示。

表 4.3.13　放置二极管"系列"栏内容

器件	对应名称
虚拟二极管	DIODES_VIRTUAL
二极管	DIODE
齐纳二极管	ZENER
发光二极管	LED
二极管整流桥	FWB

续表

器件	对应名称
肖特基二极管	SCHOTTKY_DIODE
单向晶体闸流管	SCR
双向开关二极管	DIAC
双向晶体闸流管	TRIAC
变容二极管	VARACTOR
PIN 结二极管	PIN_DIODE

①　选中"虚拟二极管（DIODES_VIRTUAL）"，其"元件"栏中仅有 2 种虚拟二极管元件可供调用：一种是普通虚拟二极管，另一种是齐纳击穿虚拟二极管。

②　选中"二极管（DIODE）"，其"元件"栏中包括了国外公司提供的 807 种二极管可供调用。

③　选中"齐纳二极管（稳压管）（ZENER）"，其"元件"栏中包括了国外公司提供的 1 266 种稳压管可供调用。

④　选中"发光二极管（LED）"，其"元件"栏中有 8 种颜色的发光二极管可供调用。

⑤　选中"二极管整流桥（FWB）"，其"元件"栏中有 58 种全波桥式整流器可供调用。

⑥　选中"肖特基二极管（SCHOTTKY_DIODE）"，其"元件"栏中有 39 种肖特基二极管可供调用。

⑦　选中"单向晶体闸流管（SCR）"，其"元件"栏中有 276 种单向晶体闸流管可供调用。

⑧　选中"双向开关二极管（DIAC）"，其"元件"栏中有 11 种双向开关二极管（相当于 2 只肖特基二极管并联）可供调用。

⑨　选中"双向晶体闸流管（TRIAC）"，其"元件"栏中有 101 种双向晶体闸流管可供调用。

⑩　选中"变容二极管（VARACTOR）"，其"元件"栏中有 99 种变容二极管可供调用。

⑪　选中"PIN 结二极管（PIN_DIODE）（Positive-Intrinsic-Negative 结二极管）"，其"元件"栏中有 19 种 PIN 结二极管可供调用。

4. 放置三极管

单击"放置三极管"按钮，弹出对话框的"系列"栏内容如表 4.3.14 所示。

表 4.3.14 放置三极管"系列"栏内容

器件	对应名称
虚拟晶体管	TRANSISTORS_VIRTUAL
双极结型 NPN 晶体管	BJT_NPN
双极结型 PNP 晶体管	BJT_PNP
NPN 型达林顿管	DARLINGTON_NPN
PNP 型达林顿管	DARLINGTON_PNP
达林顿管阵列	DARLINGTON_ARRAY
带阻 NPN 晶体管	BJT_NRES
带阻 PNP 晶体管	BJT_PRES
双极结型晶体管阵列	BJT_ARRAY
MOS 门控开关管	IGBT
N 沟道耗尽型 MOS 管	MOS_3TDN
N 沟道增强型 MOS 管	MOS_3TEN
P 沟道增强型 MOS 管	MOS_3TEP
N 沟道耗尽型结型场效应管	JFET_N
P 沟道耗尽型结型场效应管	JFET_P
N 沟道 MOS 功率管	POWER_MOS_N
P 沟道 MOS 功率管	POWER_MOS_P
MOS 功率对管	POWER_MOS_COMP
UJT 管	UJT
温度模型 NMOSFET 管	THERMAL_MODELS

① 选中"虚拟晶体管（TRANSISTORS_VIRTUAL）"，其"元件"栏中有 16 种虚拟晶体管可供调用，其中包括 NPN 型、PNP 型晶体管，JFET 和 MOSFET 等。

② 选中"双极结型 NPN 晶体管（BJT_NPN）"，其"元件"栏中有 658 种晶体管可供调用。

③ 选中"双极结型 PNP 晶体管（BJT_PNP）"，其"元件"栏中有 409 种晶体管可供调用。

④ 选中"NPN 型达林顿管（DARLINGTON_NPN）"，其"元件"栏中有 46 种达林顿管可供调用。

⑤ 选中"PNP 型达林顿管（DARLINGTON_PNP）"，其"元件"栏中有 13 种达林顿管可供调用。

⑥ 选中"达林顿管阵列（DARLINGTON_ARRAY）"，其"元件"栏中有 8 种集成达林顿管可供调用。

⑦ 选中"带阻 NPN 晶体管（BJT_NRES）"，其"元件"栏中有 71 种带阻 NPN 晶体管可供调用。

⑧ 选中"带阻 PNP 晶体管（BJT_PRES）"，其"元件"栏中有 29 种带阻 PNP 晶体管可供调用。

⑨ 选中"双极结型晶体管阵列（BJT_ARRAY）"，其"元件"栏中有 10 种晶体管阵列可供调用。

⑩ 选中"MOS 门控开关管（IGBT）"，其"元件"栏中有 98 种 MOS 门控制的功率开关可供调用。

⑪ 选中"N 沟道耗尽型 MOS 管（MOS_3TDN）"，其"元件"栏中有 9 种 MOSFET 管可供调用。

⑫ 选中"N 沟道增强型 MOS 管（MOS_3TEN）"，其"元件"栏中有 545 种 MOSFET 管可供调用。

⑬ 选中"P 沟道增强型 MOS 管（MOS_3TEP）"，其"元件"栏中有 157 种 MOSFET 管可供调用。

⑭ 选中"N 沟道耗尽型结型场效应管（JFET_N）"，其"元件"栏中有 263 种 JFET 管可供调用。

⑮ 选中"P 沟道耗尽型结型场效应管（JFET_P）"，其"元件"栏中有 26 种 JFET 管可供调用。

⑯ 选中"N 沟道 MOS 功率管（POWER_MOS_N）"，其"元件"栏中有 116 种 N 沟道 MOS 功率管可供调用。

⑰ 选中"P 沟道 MOS 功率管（POWER_MOS_P）"，其"元件"栏中有

38 种 P 沟道 MOS 功率管可供调用。

⑱ 选中"MOS 功率对管（POWER_MOS_COMP）"，其"元件"栏中有 18 种 MOS 功率对管可供调用。

⑲ 选中"UJT 管（UJT）"，其"元件"栏中仅有 2 种 UJT 管可供调用。

⑳ 选中"温度模型 NMOSFET 管（THERMAL_MODELS）"，其"元件"栏中仅有 1 种 NMOSFET 管可供调用。

5. 放置模拟元件

单击"放置模拟元件"按钮，弹出对话框的"系列"栏内容如表 4.3.15 所示。

表 4.3.15 放置模拟元件"系列"栏内容

器件	对应名称
模拟虚拟元件	ANALOG_VIRTUAL
运算放大器	OPAMP
比较器	COMPARATOR
宽带运放	WIDEBAND_AMPS
诺顿运算放大器	OPAMP_NORTON
特殊功能运放	SPECIAL_FUNCTION

① 选中"模拟虚拟元件（ANALOG_VIRTUAL）"，其"元件"栏中仅有虚拟比较器、三端虚拟运放和五端虚拟运放 3 种元件可供调用。

② 选中"运算放大器（OPAMP）"，其"元件"栏中包括了国外公司提供的多达 4 243 种运放可供调用。

③ 选中"比较器（COMPARATOR）"，其"元件"栏中有 341 种比较器可供调用。

④ 选中"宽带运放（WIDEBAND_AMPS）"，其"元件"栏中有 144 种宽带运放可供调用，宽带运放典型值达 100 MHz，主要用于视频放大电路。

⑤ 选中"诺顿运算放大器（OPAMP_NORTON）"，其"元件"栏中有 16 种诺顿运放可供调用。

⑥ 选中"特殊功能运放（SPECIAL_FUNCTION）"，其"元件"栏中有 165 种特殊功能运放可供调用，主要包括测试运放、视频运放、乘法器/除法器、前置放大器和有源滤波器等。

6. 放置晶体管、晶体管逻辑（TTL）

单击"放置晶体管、晶体管逻辑（TTL）"按钮，弹出对话框的"系列"栏内容如表4.3.16 所示。

表 4.3.16　放置晶体管、晶体管逻辑（TTL）"系列"栏内容

器件	对应名称
74STD 系列	74STD
74S 系列	74S
74LS 系列	74LS
74F 系列	74F
74ALS 系列	74ALS
74AS 系列	74AS

① 选中"74STD 系列"，其"元件"栏中有126 种规格的数字集成电路可供调用。

② 选中"74S 系列"，其"元件"栏中有 111 种规格的数字集成电路可供调用。

③ 选中"低功耗肖特基 TTL 型数字集成电路（74LS 系列）"，其"元件"栏中有 281 种规格的数字集成电路可供调用。

④ 选中"74F 系列"，其"元件"栏中有 185 种规格的数字集成电路可供调用。

⑤ 选中"74ALS 系列"，其"元件"栏中有 92 种规格的数字集成电路可供调用。

⑥ 选中"74AS 系列"，其"元件"栏中有 50 种规格的数字集成电路可供调用。

7. 放置互补金属氧化物半导体（CMOS）

单击"放置互补金属氧化物半导体（CMOS）"按钮，弹出对话框的"系列"栏内容如表4.3.17 所示。

表 4.3.17　放置互补金属氧化物半导体（CMOS）"系列"栏内容

器件	对应名称
CMOS_5V 系列	CMOS_5V
74HC_2V 系列	74HC_2V
CMOS_10V 系列	CMOS_10V
74HC_4V 系列	74HC_4V
CMOS_15V 系列	CMOS_15V
74HC_6V 系列	74HC_6V
TinyLogic_2V 系列	TinyLogic_2V
TinyLogic_3V 系列	TinyLogic_3V
TinyLogic_4V 系列	TinyLogic_4V
TinyLogic_5V 系列	TinyLogic_5V
TinyLogic_6V 系列	TinyLogic_6V

① 选中"CMOS_5V 系列"，其"元件"栏中有 265 种数字集成电路可供调用。

② 选中"74HC_2V 系列"，其"元件"栏中有 176 种数字集成电路可供调用。

③ 选中"CMOS_10V 系列"，其"元件"栏中有 265 种数字集成电路可供调用。

④ 选中"74HC_4V 系列"，其"元件"栏中有 126 种数字集成电路可供调用。

⑤ 选中"CMOS_15V 系列"，其"元件"栏中有 172 种数字集成电路可供调用。

⑥ 选中"74HC_6V 系列"，其"元件"栏中有 176 种数字集成电路可供调用。

⑦ 选中"TinyLogic_2V 系列"，其"元件"栏中有 18 种数字集成电路可供调用。

⑧ 选中"TinyLogic_3V 系列"，其"元件"栏中有 18 种数字集成电路可供调用。

⑨ 选中"TinyLogic_4V 系列"，其"元件"栏中有 18 种数字集成电路可

供调用。

⑩ 选中"TinyLogic_5V 系列",其"元件"栏中有 24 种数字集成电路可供调用。

⑪ 选中"TinyLogic_6V 系列",其"元件"栏中有 7 种数字集成电路可供调用。

8. 放置杂项数字电路

单击"放置杂项数字电路"按钮,弹出对话框的"系列"栏内容如表 4.3.18 所示。

表 4.3.18　放置杂项数字电路"系列"栏内容

器件	对应名称
TIL 系列器件	TIL
数字信号处理器件	DSP
现场可编程器件	FPGA
可编程逻辑电路	PLD
复杂可编程逻辑电路	CPLD
微处理控制器	MICROCONTROLLERS
微处理器	MICROPROCESSORS
用 VHDL 语言编程器件	VHDL
用 Verilog HDL 语言编程器件	VERILOG_HDL
存储器	MEMORY
线路驱动器件	LINE_DRIVER
线路接收器件	LINE_RECEIVER
无线电收发器件	LINE_TRANSCEIVER

① 选中"TIL 系列器件(TIL)",其"元件"栏中有 103 种器件可供调用。

② 选中"数字信号处理器件(DSP)",其"元件"栏中有 117 种器件可供调用。

③ 选中"现场可编程器件(FPGA)",其"元件"栏中有 83 种器件可供调用。

④ 选中"可编程逻辑电路(PLD)",其"元件"栏中有 30 种器件可供

调用。

⑤ 选中"复杂可编程逻辑电路（CPLD）"，其"元件"栏中有 20 种器件可供调用。

⑥ 选中"微处理控制器（MICROCONTROLLERS）"，其"元件"栏中有 70 种器件可供调用。

⑦ 选中"微处理器（MICROPROCESSORS）"，其"元件"栏中有 60 种器件可供调用。

⑧ 选中"用 VHDL 语言编程器件（VHDL）"，其"元件"栏中有 119 种器件可供调用。

⑨ 选中"用 Verilog HDL 语言编程器件（VERILOG_HDL）"，其"元件"栏中有 10 种器件可供调用。

⑩ 选中"存储器（MEMORY）"，其"元件"栏中有 87 种器件可供调用。

⑪ 选中"线路驱动器件（LINE_DRIVER）"，其"元件"栏中有 16 种器件可供调用。

⑫ 选中"线路接收器件（LINE_RECEIVER）"，其"元件"栏中有 20 种器件可供调用。

⑬ 选中"无线电收发器件（LINE_TRANSCEIVER）"，其"元件"栏中有 150 种器件可供调用。

9. 放置（混合）杂项元件

单击"放置（混合）杂项元件"按钮，弹出对话框的"系列"栏内容如表 4.3.19 所示。

表 4.3.19　放置（混合）杂项元件"系列"栏内容

器件	对应名称
混合虚拟器件	MIXED_VIRTUAL
555 定时器	TIMER
AD/DA 转换器	ADC_DAC
模拟开关	ANALOG_SWITCH
多频振荡器	MULTIVIBRATORS

① 选中"混合虚拟器件（MIXED_VIRTUAL）"，其"元件"栏内容如表 4.3.20 所示。

表 4.3.20　混合虚拟器件"元件"栏内容

器件	对应名称
虚拟 555 电路	555_VIRTUAL
虚拟模拟开关	ANALOG_SWITCH_VIRTUAL
虚拟频率分配器	FREQ_DIVIDER_VTRTUAL
虚拟单稳态触发器	MONOSTABLE_VTRTUAL
虚拟锁相环	PLL_VTRTUAL

② 选中"555 定时器（TIMER）"，其"元件"栏中有 8 种 LM555 电路可供调用。

③ 选中"AD/DA 转换器（ADC_DAC）"，其"元件"栏中有 39 种转换器可供调用。

④ 选中"模拟开关（ANALOG_SWITCH）"，其"元件"栏中有 127 种模拟开关可供调用。

⑤ 选中"多频振荡器（MULTIVIBRATORS）"，其"元件"栏中有 8 种振荡器可供调用。

10. 放置指示器

单击"放置指示器"按钮，弹出对话框的"系列"栏内容如表 4.3.21 所示。

表 4.3.21　放置指示器"系列"栏内容

器件	对应名称
电压表	VOLTMETER
电流表	AMMETER
探测器	PROBE
蜂鸣器	BUZZER
灯泡	LAMP
虚拟灯泡	VIRTUAL_LAMP
十六进制显示器	HEX_DISPLAY
条形光柱	BARGRAPH

① 选中"电压表(VOLTMETER)",其"元件"栏中有 4 种不同形式的电压表可供调用。

② 选中"电流表(AMMETER)",其"元件"栏中有 4 种不同形式的电流表可供调用。

③ 选中"探测器(PROBE)",其"元件"栏中有 5 种颜色的探测器可供调用。

④ 选中"蜂鸣器(BUZZER)",其"元件"栏中仅有 2 种蜂鸣器可供调用。

⑤ 选中"灯泡(LAMP)",其"元件"栏中有 9 种不同功率的灯泡可供调用。

⑥ 选中"虚拟灯泡(VIRTUAL_LAMP)",其"元件"栏中只有 1 种虚拟灯泡可供调用。

⑦ 选中"十六进制显示器(HEX_DISPLAY)",其"元件"栏中有 33 种十六进制显示器可供调用。

⑧ 选中"条形光柱(BARGRAPH)",其"元件"栏中仅有 3 种条形光柱可供调用。

11. 放置（其他）杂项元件

单击"放置（其他）杂项元件"按钮,弹出对话框的"系列"栏内容如表 4.3.22 所示。

表 4.3.22　放置（其他）杂项元件"系列"栏内容

器件	对应名称
其他虚拟元件	MISC_VIRTUAL
传感器	TRANSDUCERS
光电三极管型耦合器	OPTOCOUPLER
晶振	CRYSTAL
真空电子管	VACUUM_TUBE
熔丝管	FUSE
三端稳压器	VOLTAGE_REGULATOR
基准稳压器件	VOLTAGE_REFERENCE
电压干扰抑制器	VOLTAGE_SUPPRESSOR
降压变换器	BUCK_CONVERTER

续表

器件	对应名称
升压变换器	BOOST_CONVERTER
降压/升压变换器	BUCK_BOOST_CONVERTER
有损耗传输线	LOSSY_TRANSMISSION_LINE
无损耗传输线 1	LOSSLESS_LINE_TYPE1
无损耗传输线 2	LOSSLESS_LINE_TYPE2
滤波器	FILTERS
场效应管驱动器	MOSFET_DRIVER
电源功率控制器	POWER_SUPPLY_CONTROLLER
混合电源功率控制器	MISCPOWER
脉宽调制控制器	PWM_CONTROLLER
网络	NET
其他元件	MISC

① 选中"其他虚拟元件（MISC＿VIRTUAL）"，其"元件"栏内容如表 4.3.23 所示。

表 4.3.23　其他虚拟元件"元件"栏内容

器件	对应名称
虚拟晶振	CRYSTAL_VIRTUAL
虚拟熔丝	FUSE_VIRTUAL
虚拟电机	MOTOR_VIRTUAL
虚拟光耦合器	OPTOCOUPLER_VIRTUAL
虚拟电子真空管	TRIODE_VIRTUAL

② 选中"传感器（TRANSDUCERS）"，其"元件"栏中有 70 种传感器可供调用。

③ 选中"光电三极管型光耦合器（OPTOCOUPLER）"，其"元件"栏中有 82 种传感器可供调用。

④ 选中"晶振（CRYSTAL）"，其"元件"栏中有 18 种不同频率的晶振

可供调用。

⑤ 选中"真空电子管（VACUUM_TUBE）"，其"元件"栏中有 22 种电子管可供调用。

⑥ 选中"熔丝管（FUSE）"，其"元件"栏中有 13 种不同电流的熔丝管可供调用。

⑦ 选中"三端稳压器（VOLTAGE_REGULATOR）"，其"元件"栏中有 158 种不同稳压值的三端稳压器可供调用。

⑧ 选中"基准稳压器件（VOLTAGE_REFERENCE）"，其"元件"栏中有 106 种基准稳压器件可供调用。

⑨ 选中"电压干扰抑制器（VOLTAGE_SUPPRESSOR）"，其"元件"栏中有 118 种电压干扰抑制器可供调用。

⑩ 选中"降压变压器（BUCK_CONVERTER）"，其"元件"栏中只有 1 种降压变压器可供调用。

⑪ 选中"升压变压器（BOOST_CONVERTER）"，其"元件"栏中只有 1 种升压变压器可供调用。

⑫ 选中"降压/升压变压器（BUCK_BOOST_CONVERTER）"，其"元件"栏中有 2 种降压/升压变压器可供调用。

⑬ 选中"有损耗传输线（LOSSY_TRANSMISSION_LINE）"、"无损耗传输线 1（LOSSLESS_LINE_TYPE1）"和"无损耗传输线 2（LOSSLESS_LINE_TYPE2）"，其"元件"栏中都只有 1 种传输线可供调用。

⑭ 选中"滤波器（FILTERS）"，其"元件"栏中有 34 种滤波器可供调用。

⑮ 选中"场效应管驱动器（MOSFET_DRIVER）"，其"元件"栏中有 29 种场效应管驱动器可供调用。

⑯ 选中"电源功率控制器（POWER_SUPPLY_CONTROLLER）"，其"元件"栏中有 3 种电源功率控制器可供调用。

⑰ 选中"混合电源功率控制器（MISCPOWER）"，其"元件"栏中有 32 种混合电源功率控制器可供调用。

⑱ 选中"脉宽调制控制器（PWM_CONTROLLER）"，其"元件"栏中有 2 种脉宽调制控制器可供调用。

⑲ 选中"网络（NET）"，其"元件"栏中有 11 种网络可供调用。

⑳ 选中"其他元件（MISC）"，其"元件"栏中有 14 种元件可供调用。

12. 放置射频元件

单击"放置射频元件"按钮，弹出对话框的"系列"栏内容如表 4.3.24
所示。

表 4.3.24　放置射频元件"系列"栏内容

器件	对应名称
射频电容器	RF_CAPACITOR
射频电感器	RF_INDUCTOR
射频双极结型 NPN 管	RF_BJT_NPN
射频双极结型 PNP 管	RF_BJT_PNP
射频 N 沟道耗尽型 MOS 管	RF_MOS_3TDN
射频隧道二极管	TUNNEL_DIODE
射频传输线	STRIP_LINE

① 选中"射频电容器（RF_CAPACITOR）"和"射频电感器（RF_IN-DUCTOR）"，其"元件"栏中都只有 1 种器件可供调用。

② 选中"射频双极结型 NPN 管（RF_BJT_NPN）"，其"元件"栏中有 84 种 NPN 管可供调用。

③ 选中"射频双极结型 PNP 管（RF_BJT_PNP）"，其"元件"栏中有 7 种 PNP 管可供调用。

④ 选中"射频 N 沟道耗尽型 MOS 管（RF_MOS_3TDN）"，其"元件"栏中有 30 种射频 MOSFET 管可供调用。

⑤ 选中"射频隧道二极管（TUNNEL_DIODE）"，其"元件"栏中有 10 种射频隧道二极管可供调用。

⑥ 选中"射频传输线（STRIP_LINE）"，其"元件"栏中有 6 种射频传输线可供调用。

13. 放置机电元件

单击"放置机电元件"按钮，弹出对话框的"系列"栏内容如表 4.3.25
所示。

表 4.3.25　放置机电元件"系列"栏内容

器件	对应名称
检测开关	SENSING_SWITCHES
瞬时开关	MOMENTARY_SWITCHES
接触器	SUPPLEMENTARY_CONTACTS
定时接触器	TIMED_CONTACTS
线圈和继电器	COILS_RELAYS
线性变压器	LINE_TRANSFORMER
保护装置	PROTECTION_DEVICES
输出设备	OUTPUT_DEVICES

① 选中"检测开关（SENSING_SWITCHES）"，其"元件"栏中有 17 种开关可供调用，并可用键盘上的相关键来控制开关的开或合。

② 选中"瞬时开关（MOMENTARY_SWITCHES）"，其"元件"栏中有 6 种开关可供调用，动作后会很快恢复为原始状态。

③ 选中"接触器（SUPPLEMENTARY_CONTACTS）"，其"元件"栏中有 21 种接触器可供调用。

④ 选中"定时接触器（TIMED_CONTACTS）"，其"元件"栏中有 4 种定时接触器可供调用。

⑤ 选中"线圈和继电器（COILS_RELAYS）"，其"元件"栏中有 55 种线圈与继电器可供调用。

⑥ 选中"线性变压器（LINE_TRANSFORMER）"，其"元件"栏中有 11 种线性变压器可供调用。

⑦ 选中"保护装置（PROTECTION_DEVICES）"，其"元件"栏中有 4 种保护装置可供调用。

⑧ 选中"输出设备（OUTPUT_DEVICES）"，其"元件"栏中有 6 种输出设备可供调用。

由于功率元件和高级外设在专用电路仿真中才会涉及，因此这两部分内容在本书中不详细展开叙述。至此，电子仿真软件 Multisim 的常用元件库及元器件全部介绍完毕。上述关于元件调用步骤的分析，希望对读者在创建基础仿真电路寻找元件时有一定的帮助。这里还有几点说明：

① 关于虚拟元件，这里指的是现实中不存在的元件，也可以理解为参数可以任意修改和设置的元件。比如：一个 1.034 Ω 电阻、2.3 μF 电容等不规范的特殊元件，就可以选择虚拟元件通过设置参数实现；但仿真电路中的虚拟元件不能链接到制版软件 Ultiboard 8.0 的 PCB 文件中进行制版，这一点不同于其他元件。

② 与虚拟元件相对应，我们把现实中可以找到的元件称为真实元件或现实元件。比如：电阻的"元件"栏中就列出了从 1.0 Ω~22 MΩ 的全系列现实中可以找到的电阻。现实电阻只能调用，但不能修改它们的参数（极个别可以修改，如晶体管的 β 值）。凡仿真电路中的真实元件都可以自动链接到 Ultiboard 8.0 中进行制版。

③ 电源虽列在现实元件栏中，但它属于虚拟元件，可以任意修改和设置它的参数；电源和地线也都不会进入 Ultiboard 8.0 的 PCB 界面进行制版。

④ 额定元件允许通过的电流、电压、功率等的最大值都是有限制的。超过额定值，该元件将被击穿或烧毁。其他元件都是理想元件，没有定额限制。

⑤ 关于三维元件，电子仿真软件 Multisim 10 中有 23 种，且其参数不能修改，只能搭建一些简单的演示电路，但它们可以与其他元件混合组建仿真电路。

4.4　Multisim 软件菜单工具栏

软件以图形界面为主，采用菜单、工具栏和热键相结合的方式，具有一般 Windows 应用软件的界面风格，用户可以根据自己的习惯和熟悉程度自如使用。

4.4.1　菜单栏简介

菜单栏位于界面的上方，通过菜单栏可以对 Multisim 的所有功能进行操作。不难看出，菜单中有一些与大多数 Windows 平台上的应用软件一致的功能选项，如 File、Edit、View、Options、Help。此外，还有一些 EDA（电子设计自动化）软件专用的选项，如 Place、Simulation、Transfer、Tools 等。

1. File

File 菜单中包含了对文件和项目的基本操作及打印等命令。各命令及功能如下。

New：建立新文件。

Open：打开文件。

Close：关闭当前文件。

Save：保存。

Save As：另存为。

New Project：建立新项目。

Open Project：打开项目。

Save Project：保存当前项目。

Close Project：关闭项目。

Version Control：版本管理。

Print Circuit：打印电路。

Print Report：打印报表。

Print Instrument：打印仪表。

Recent Files：最近编辑过的文件。

Recent Project：最近编辑过的项目。

Exit：退出 Multisim。

2. Edit

Edit 菜单提供了类似于图形编辑软件的基本编辑功能，用于对电路图进行编辑。各命令及功能如下。

Undo：撤销编辑。

Cut：剪切。

Copy：复制。

Paste：粘贴。

Delete：删除。

Select All：全选。

Flip Horizontal：将所选的元件左右翻转。

Flip Vertical：将所选的元件上下翻转。

90 ClockWise：将所选的元件顺时针旋转 90°。

90 ClockWise CW：将所选的元件逆时针旋转 90°。

Component Properties：元器件属性。

3. View

用户可以通过 View 菜单确定使用软件时的视图，对一些工具栏和窗口进行控制。各命令及功能如下。

Toolbars：显示工具栏。

Component Bars：显示元器件栏。

Status Bars：显示状态栏。

Show Simulation Error Log/Audit Trail：显示仿真错误记录信息窗口。

Show Xspice Command Line Interface：显示 Xspice 命令窗口。

Show Grapher：显示波形窗口。

Show Simulate Switch：显示仿真开关。

Show Grid：显示栅格。

Show Page Bounds：显示页边界。

Show Title Block and Border：显示标题栏和图框。

Zoom In：放大显示。

Zoom Out：缩小显示。

Find：查找。

4. Place

用户可以通过 Place 菜单输入电路图。各命令及功能如下。

Place Component：放置元器件。

Place Junction：放置连接点。

Place Bus：放置总线。

Place Input/Output：放置输入/输出接口。

Place Hierarchical Block：放置层次模块。

Place Text：放置文字。

Place Text Description Box：打开电路图描述窗口，编辑电路图描述文字。

Replace Component：重新选择元器件替代当前选中的元器件。

Place as Subcircuit：放置子电路。

Replace by Subcircuit：重新选择子电路替代当前选中的子电路。

5. Simulation

用户可以通过 Simulation 菜单执行仿真分析命令。各命令及功能如下。

Run：执行仿真。

Pause：暂停仿真。

Default Instrument Settings：设置仪表的预置值。

Digital Simulation Settings：设定数字仿真参数。

Instruments：选用仪表（也可通过工具栏选择）。

Analyses：选用各项分析功能。

Postprocess：启用后处理。

VHDL Simulation：进行 VHDL 仿真。

Auto Fault Option：自动设置故障选项。

Global Component Tolerances：设置所有器件的误差。

6. Transfer

Transfer 菜单提供的命令可以完成 Multisim 对其他 EDA 软件需要的文件格式的输出。各命令及功能如下。

Transfer to Ultiboard：将所设计的电路图转换为 Ultiboard 软件所支持的文件格式。

Transfer to other PCB Layout：将所设计的电路图转换为其他电路板设计软件所支持的文件格式。

Backannotate From Ultiboard：将在 Ultiboard 中所做的修改标记到正在编辑的电路中。

Export Simulation Results to MathCAD：将仿真结果输出到 MathCAD。

Export Simulation Results to Excel：将仿真结果输出到 Excel。

Export Netlist：输出电路网表文件。

7. Tools

Tools 菜单主要针对元器件的编辑与管理的命令。各命令及功能如下。

Create Components：新建元器件。

Edit Components：编辑元器件。

Copy Components：复制元器件。

Delete Component：删除元器件。

Database Management：启动元器件数据库管理器，进行数据库的编辑管理工作。

　　Update Component：更新元器件。

　　8. Options

　　通过 Options 菜单可以对软件的运行环境进行定制和设置。各命令及功能如下。

　　Preference：设置操作环境。

　　Modify Title Block：编辑标题栏。

　　Simplified Version：设置简化版本。

　　Global Restrictions：设定软件整体环境参数。

　　Circuit Restrictions：设定编辑电路的环境参数。

　　9. Help

　　Help 菜单提供了对 Multisim 的在线帮助和辅助说明。各命令及功能如下。

　　Multisim Help：Multisim 的在线帮助。

　　Multisim Reference：Multisim 的参考文献。

　　Release Note：Multisim 的发行申明。

　　About Multisim：Multisim 的版本说明。

4.4.2　工具栏简介

　　Multisim 10 提供了多种工具栏，并以层次化的模式加以管理，用户可以通过 View 菜单中的选项方便地将顶层的工具栏打开或关闭，再通过顶层工具栏中的按钮来管理和控制下层的工具栏。通过工具栏，用户可以直接使用软件的各项功能。

　　顶层的工具栏包括 Standard 工具栏、Design 工具栏、Zoom 工具栏、Simulation 工具栏。

　　① Standard 工具栏包含了常见的文件操作和编辑操作。

　　② Design 工具栏作为设计工具栏，是 Multisim 的核心工具栏，通过对该工作栏按钮的操作，可以完成对电路从设计到分析的全部工作，其中的按钮可以直接开关下层的工具栏：Component 中的 Multisim Master 工具栏、Instrument 工具栏。

　　（a）Multisim Master 工具栏作为元器件（Component）工具栏中的一项，可以在 Design 工具栏中通过按钮来开关。该工具栏有 14 个按钮，每个按钮都对应一类元器件，其分类方式和 Multisim 软件元器件数据库中的分类相对应，通过查看按钮上图标就可大致清楚该类元器件的类型。具体的内容可以从 Multisim 软件的在线文档中获取。

这个工具栏作为元器件的顶层工具栏，每一个按钮又可以开关下层的工具栏，下层工具栏是对该类元器件进行更细致分类的工具栏。以第一个按钮为例，这个按钮可以开关电源和信号源类的 Sources 工具栏，如图 4.4.1 所示。

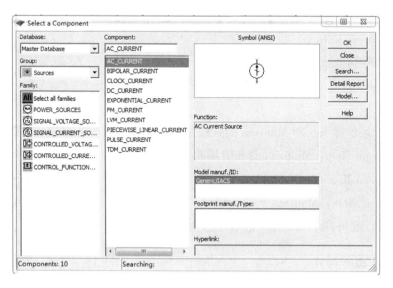

图 4.4.1　按钮示例

（b）Instrument 工具栏集中了 Multisim 软件为用户提供的所有虚拟仪器仪表，用户可以通过按钮选择自己需要的仪器对电路进行观测。

③ 用户可以通过 Zoom 工具栏方便地调整所编辑电路的视图大小。

④ Simulation 工具栏可以控制电路仿真的开始、结束和暂停。

4.4.3　Multisim 虚拟仪器及其使用

对电路进行仿真运行，通过对运行结果的分析，判断设计是否正确合理，是 EDA 软件的一项主要功能。为此，Multisim 软件为用户提供了类型丰富的虚拟仪器，可以从 Design 工具栏中的 Instrument 工具栏，或用菜单命令 "Simulation" → "Instrument" 选用各种仪表。在选用后，各种虚拟仪器都以面板的方式显示在电路中。

下面将 11 种虚拟仪器总结如下：

Multimeter：万用表。

Function Generator：波形发生器。

Wattermeter：功率表。

Oscilloscape：示波器。

Bode Plotter：波特图图示仪。

Word Generator：字元发生器。

Logic Analyzer：逻辑分析仪。

Logic Converter：逻辑转换仪。

Distortion Analyzer：失真度分析仪。

Spectrum Analyzer：频谱仪。

Network Analyzer：网络分析仪。

4.5　Multisim 软件实际应用

① 打开 Multisim 10 软件设计环境。执行"文件"→"新建"→"原理图"命令，弹出一个新的电路图编辑窗口，工程栏同时出现一个新的名称；单击"保存"按钮，将该文件命名后保存到指定文件夹下。

这里需要说明的是：

（a）文件的名字要能体现电路的功能。

（b）在电路图的编辑和仿真过程中，要养成随时保存文件的习惯，以免由于没有及时保存而导致文件丢失或损坏。

（c）最好用一个专门的文件夹来保存所有基于 Multisim 10 的例子，这样便于管理。

② 在绘制电路图之前，需要先熟悉元件栏和仪器栏的内容，看看 Multisim 10 都提供了哪些电路元件和仪器。用户把鼠标放到元件栏和仪器栏相应的位置，系统会自动弹出元件或仪表的类型。

③ 首先放置电源。单击元件栏的放置信号源选项，出现如图 4.5.1 所示的对话框。

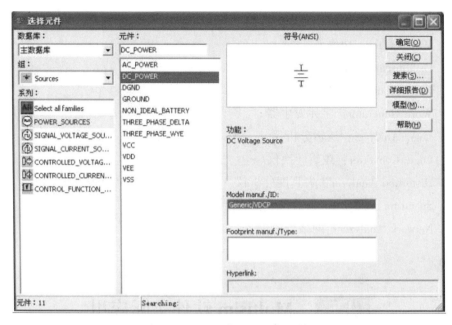

图 4.5.1　"选择元件"对话框

（a）在"数据库"选项里选择"主数据库"。

（b）在"组"选项里选择"Sources"。

（c）在"系列"选项里选择"POWER_SOURCES"。

（d）在"元件"选项里选择"DC_POWER"。

（e）右边的"符号"等对话框，会根据所选项目，列出相应的说明。

④ 选择电源符号后，单击"确定"按钮，移动鼠标到电路编辑窗口；选择放置位置后，单击鼠标左键即可将电源符号放置于电路编辑窗口中。放置完成后，还会弹出元件选择对话框，可以继续放置，单击"关闭"按钮可以取消放置。

⑤ 放置的电源默认是12 V，若需要的电源不是12 V，可按如下方法修改。双击该电源符号，在弹出的对话框中选中"参数"选项卡（图4.5.2），可以更改该元件的参数，如将电压改为3 V。当然，也可以更改元件的序号、引脚等属性。用户可以单击其他参数项来体验。

图 4.5.2　"参数"选项卡

⑥ 接下来放置电阻。执行"放置基础元件"命令，弹出如图 4.5.3 所示对话框。

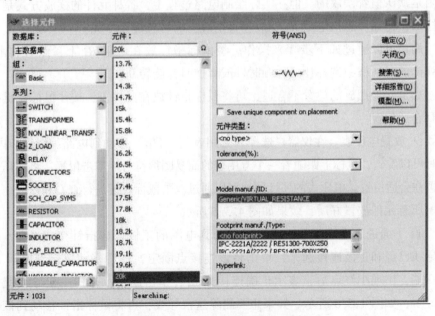

图 4.5.3　"选择元件"对话框

（a）在"数据库"选项里选择"主数据库"。

（b）在"组"选项里选择"Basic"。

（c）在"系列"选项里选择"RESISTOR"。

（d）在"元件"选项里选择"20 k"。

（e）右边的"符号"等对话框会根据所选项目，列出相应的说明。

⑦ 按上述方法，再放置一个 10 kΩ 的电阻和一个 100 kΩ 的可调电阻。放置完毕后，效果如图 4.5.4 所示。

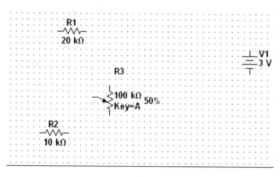

图 4.5.4　放置元件效果图

⑧ 可以看到，放置后的元件都按照默认的摆放方式被放置在编辑窗口中，电阻是默认横着摆放的。但在实际绘制电路过程中，各种元件的摆放方式是不一样的，比如：想把电阻 R_1 变成竖直摆放，那该怎样操作呢？

用户可以通过如下步骤来操作。将鼠标指针放在电阻 R_1 上，然后右击，在弹出的对话框中选择让元件顺时针或者逆时针旋转 90°。

如果元件摆放的位置不合适，可将鼠标指针放在元件上，按住鼠标左键拖动到合适位置。

⑨ 放置电压表。在仪器栏选择"万用表"，将指针移动到电路编辑窗口内，这时可以看到，鼠标上跟随着一个万用表的简易图形符号。单击鼠标，将电压表放置在合适位置。电压表的属性同样可以通过双击鼠标左键进行查看和修改。

所有元件放置好后，效果如图 4.5.5 所示。

⑩ 下面进入连线步骤。将光标移动到电源的正极，当指针变成◆时，表示导线已经和正极连接起来；单击将该连接点固定，然后移动鼠标到电阻 R_1 的一端，出现小红点后，表示正确连接到 R_1；单击固定，这样一根导线就连接好了，如图 4.5.6 所示。如果想要删除这根导线，可将鼠标指针移动到该导线的任意位置，点击鼠标右键，选择"删除"即可将该导线删除，或者选中导线，直接按【Delete】键删除。

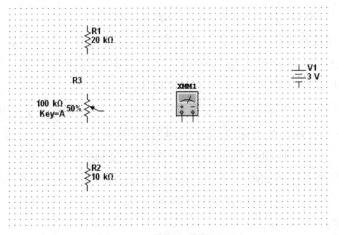

图 4.5.5　放置元件效果图

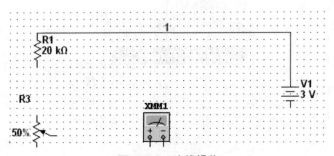

图 4.5.6　连线操作

⑪ 按照第③步的方法，放置一个公共地线，如图 4.5.7 所示，将各导线连接好。

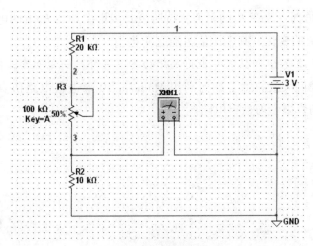

图 4.5.7　完成连线

注意 在电路图的绘制中，公共地线是必需的。

⑫ 电路连接完毕且检查无误后，就可以进行仿真了。单击仿真栏中的绿色开始按钮▷，电路进入仿真状态。双击图中的万用表符号，即可弹出如图4.5.8所示的对话框，这里显示了电阻 R_2 上的电压。对于显示的电压值是否正确，可以进行验算：根据电路图可知，R_2 上的电压值应为（电源电压×R_2 的阻值）÷（R_1、R_2、R_3 的阻值之和），即得计算式为

$$(3.0 \times 10 \times 1\,000) \div [\,(20+10+50) \times 1\,000\,] = 0.375 \text{ V}$$

经验证，电压表显示的电压正确。R_3 的阻值是如何得来的呢？从图4.5.7中可以看出，R_3 是一个100 kΩ的可调电阻，其调节百分比为50%，则在这个电路中，R_3 的阻值为50 kΩ。

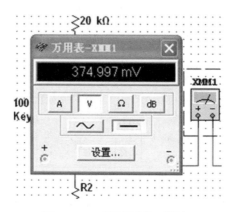

图4.5.8 "万用表"对话框

⑬ 关闭仿真，改变 R_2 的阻值，按照第⑫步再次观察 R_2 上的电压值，会发现随着 R_2 阻值的变化，其电压值也随之变化。

注意 在改变 R_2 阻值时，最好关闭仿真。另外，一定要及时保存文件。

这样，我们大致熟悉了如何利用 Multisim 10 来进行电路仿真，以后就可以利用电路仿真来学习数字电路。

参考文献

［1］范瑜，徐健，钱斌，等．电子信息类专业创新实践教程［M］．北京：科学出版社，2016．

［2］陈明义．电子技术课程设计实用教程［M］．3版．长沙：中南大学出版社，2010．

［3］何兆湘，卢钢．电子技术实训教程［M］．武汉：华中科技大学出版社，2015．

［4］舒英利，温长泽．电子工艺与电子产品制作［M］．北京：中国水利水电出版社，2015．

［5］韩国栋．电子工艺技术基础与实训［M］．北京：国防工业出版社，2011．

［6］张波，许力，刘岩恺．电子工艺学教程［M］．北京：清华大学出版社，2012．

［7］润众教材编写组．模拟数字电路实验指导书［Z］．南京：南京润众科技有限公司，2021．

［8］顾江．电子设计与制造实训教程［M］．西安：西安电子科技大学出版社，2016．

［9］席巍．电子电路CAD技术［M］．北京：科学出版社，2008．

［10］郭志雄．电子工艺技术与实践［M］．2版．北京：机械工业出版社，2016．

［11］顾涵．电工电子技能实训教程［M］．西安：西安电子科技大学出版社，2017．